內容的力量

CONTENT MARKETING

不販售商品，讓客人自己找上門

INTRODUCTION

Content Drives Engagement

對「內容」產生共鳴的「行銷」

所謂內容行銷，是吸引目標客群前來網站，使他們想進一步索取相關資料、購買產品或服務的行銷手法。為了吸引目標客群，製作出讓顧客感興趣的部落格、播客（Podcast）、影片、線上研討會、PDF簡介、說明手冊等⋯就非常重要。像這樣內容佔了主要比重的行銷方式，就稱為內容行銷。

為何推銷員
會被排斥呢？

「你好，我是OO公司的，前來拜訪！」

在鴉雀無聲的辦公室裡迴盪著推銷員說話的聲音。

「又來了…」職員望著對方心裡想著。

這是全日本每天都在上演，

令人再熟悉不過的登門推銷的光景。

為什麼推銷員總是會被排斥呢？

那是因為他打算推銷的東西是顧客不感興趣的。

在網路的普及下，

這是一個任何人只要輕按一下滑鼠鍵

就能獲取所需資訊的時代。

所以會讓人覺得「我有需要的話就會自己上網查詢，

為什麼你要擅自跑來我們公司呢？」也是很正常的。

如果你還執著於推銷式的行銷販售，那就已經落伍了。

網路普及使顧客的資訊收集能力迅速提升，

他們已懂得自行查詢相關資訊、自行決定購買意願。

你應該也已經發現到了，

一直以來的銷售手法已幾乎漸漸不再管用。

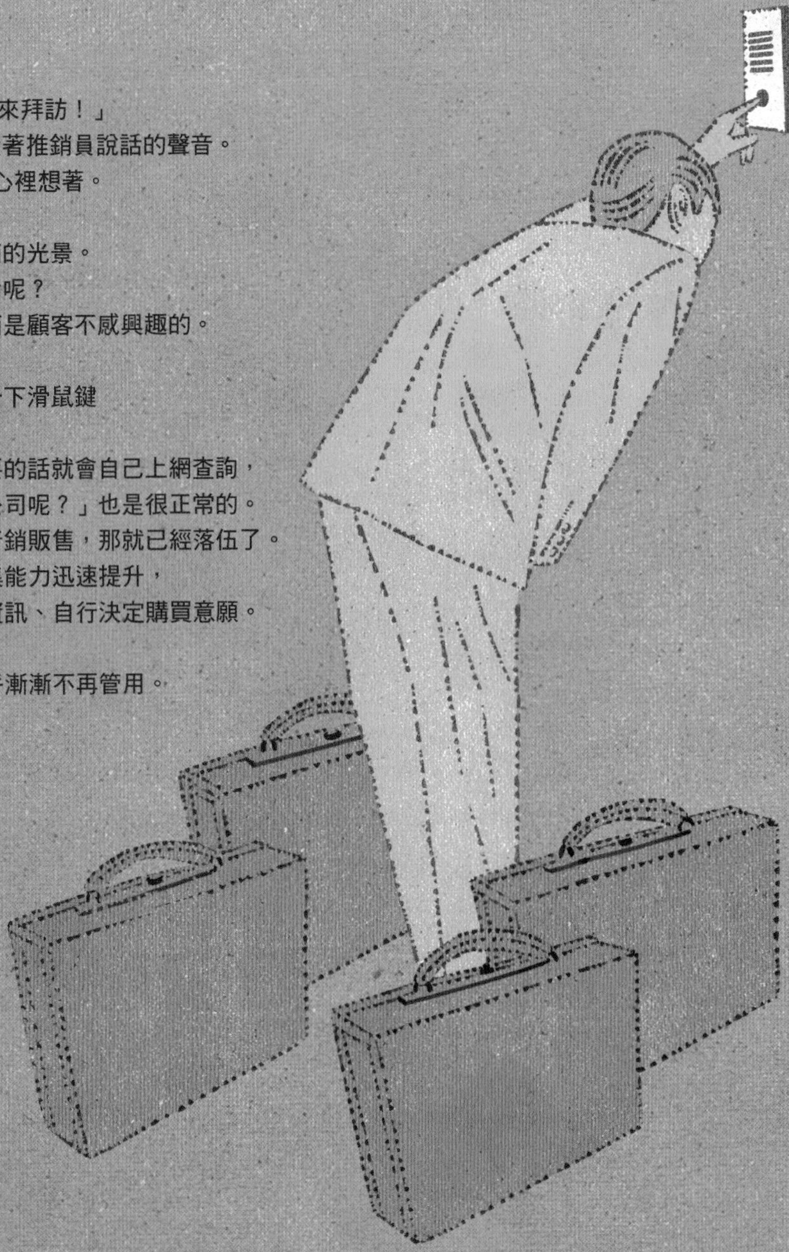

商品情報無法順利傳遞給顧客

電子郵件、傳單及傳真…。

明明已經將商品資訊傳給目標客群了，得到的反應卻不似以往。

最近許多業務及行銷人員應該都有同樣的感受。

為何一直以來的資訊發送方式漸漸失去效果呢？

這是因為大量相似的商品資訊已氾濫成災，成為客戶手邊的垃圾信息。

也許令人難以置信，但新時代的行銷關鍵字是「別去推銷商品」。

商品不是用賣的，而是讓顧客自己來找商品。

公司本身的網站及部落格，就是達成此目的的強效工具。

捨棄以往的行銷手法，轉換為迎合新時代的資訊傳送方式。

若不如此，就會像恐龍無法抵擋因巨大隕石帶來的環境變化而滅絕般，

你的商品及公司將會逐漸消聲匿跡吧！

這不是在嚇唬人，而是真心話。

「按讚！」催生出口碑至上的社會

「那間拉麵店很好吃」、「新的智慧型手機才剛買沒多久就壞了」──
你是否也曾將朋友或認識的人在社交媒體上丟出的一句話，作為選擇餐廳及購買商品的參考呢？
我們生活中的購買行為正產生巨大的變化。例如：網路購物。
為了尋找「物超所值」的物品，人人在購物前都會先上「價格‧com」、「食BLOG」等評比網站查詢評價。
消費者在臉書及推特上不斷貼文，這些口碑資訊的散佈造就出了「口碑至上時代」。
一直以來你的工作也許是向知名媒體購買、刊登廣告，將商品及服務推銷出去。
但現在開始不同了。「該如何做才能讓消費者發出"好評"更趨重要。
因此，如果還不著手做點什麼的話，也太沒有警覺性了！

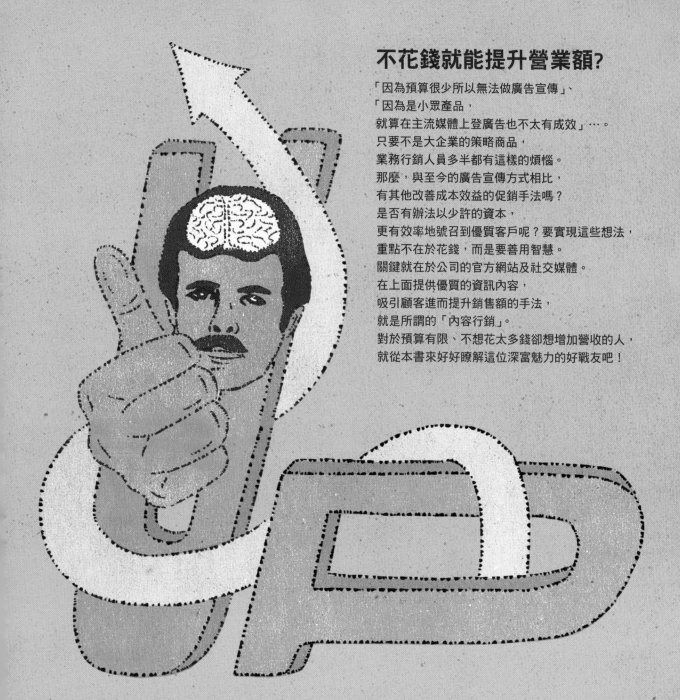

不花錢就能提升營業額?

「因為預算很少所以無法做廣告宣傳」、
「因為是小眾產品,
就算在主流媒體上登廣告也不太有成效」…。
只要不是大企業的策略商品,
業務行銷人員多半都有這樣的煩惱。
那麼,與至今的廣告宣傳方式相比,
有其他改善成本效益的促銷手法嗎?
是否有辦法以少許的資本,
更有效率地號召到優質客戶呢?要實現這些想法,
重點不在於花錢,而是要善用智慧。
關鍵就在於公司的官方網站及社交媒體。
在上面提供優質的資訊內容,
吸引顧客進而提升銷售額的手法,
就是所謂的「內容行銷」。
對於預算有限、不想花太多錢卻想增加營收的人,
就從本書來好好瞭解這位深富魅力的好戰友吧!

CONTENTS [目次]

Chapter.3

【實踐篇】該如何力行「不去推銷商品」？

Eight Reasons You Don't
Sell Your Products

不要推銷商品的

8

個理由

要怎麼做顧客才會伸手拿取商品,進而購買呢?
一直以來的行銷策略都將重心放在如何將商品賣出去。
但內容行銷是「不必推銷商品」的。
我們來看看它主張的8個理由。

為何不能推銷商品

Why You Should Not Sell Your Products ?

對於「商品不能靠推銷」的書名（本書日文書名《商品を売るな》之直譯）感到好奇而拿起本書的人應該不在少數。生活大眾已漸漸無視一直以來以廣告為中心的行銷方式，看到電視廣告就也不再訂閱雜誌及報紙。取而代之的資訊蒐集手段是網際網路。但是網路上強制性的旗幟廣告（Banner），也被認為礙眼遭人厭惡。在舊方式日漸失效的同時，積極的行銷人士也注意到了必須要找出適合生活大眾的新手法。這個手法就是不去推銷商品的「內容行銷」。

Eight Reasons
You Don't Sell Your Products

能降低廣告宣傳費用

內容行銷的投資報酬率很高。
相較於支付廣告費給主流媒體宣傳，
公司以自家的媒體自行提供資訊能大幅壓低成本。

要利用電視、報章雜誌、廣播等主流媒體來廣告，要花費相當高的廣告宣傳費。例如要在熱門電視節目時段播放一季的廣告影片就要1億～2億日圓左右；在日本最大的搜尋網站「Yahoo！JAPAN」的首頁刊登一個禮拜的大型廣告最少差不多要850萬日圓 (*註1)。

另一方面，在部落格等自家媒體刊載情報的內容行銷，能大幅削減廣告費。國外調查結果顯示，內容行銷較過去的主流媒體廣告能減少6成的經費（來自美國HubSpot調查）。關於獲得一件業務洽談的所需成本，半數以上受訪者都表示「（自家公司）部落格花費最便宜」。

■ 關於攬客成本訪問結果

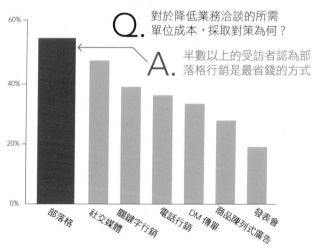

Q. 對於降低業務洽談的所需單位成本，採取對策為何？

A. 半數以上的受訪者認為部落格行銷是最省錢的方式

出處：「The 2011 State of Inbound Marketing」（HubSpot）

＊註1 以「Yahoo！JAPAN首頁熱門焦點區塊」為例

Eight Reasons
You Don't Sell Your Products

能成為意見領袖

熟悉業界動向、擁有豐富的專業知識、值得信賴的人士將引領業界的新潮流。
具有如此重大影響力者我們稱之為「意見領袖」。
若要內容行銷成功不墜，務必使自己成長為舉足輕重的意見領袖。

我們假設有A及B兩家銷售地毯的業者。兩人採取的行銷方式恰為對比。A使用印刷精美的彩色傳單吸引顧客，頻頻舉辦特賣會；另一方面，B則不特意去推銷商品。他不只侷限在商品的資訊上，而是提供顧客地毯的挑選方式、特色、保養方法等，對於日常生活中有所幫助的一切地毯相關知識。

你會相信哪一家地毯業者、想跟哪一家請教關於挑選地毯的事呢？恐怕是擁有豐富的專業知識、不吝提供生活大眾所需情報的B業者吧！

對於自己專業領域有詳盡的知識，並持續充實最新資訊者，很適合進行內容行銷。而能準確地篩選出生活大眾想要的資訊，並能消化成易於理解的內容傳遞出去，在該業界便能逐漸獲得信賴。

能獲得的不僅是顧客的信賴，在同業及相關業界人士中，也會被認為「我們先看看那個人怎麼說」受到矚目。在電視或雜誌等製作相關領域話題的特輯時，也有機會被徵詢意見。如此一來，不必支付高價的宣傳費，也有可能在媒體亮相。能做到這樣，你的發言就具備了影響力，你本身已成為引領整個業界的「意見領袖」了。

Eight Reasons
You Don't Sell Your Products

不會被顧客討厭

至今的廣告宣傳手法，都是以抓住大眾的注意力為目的
將資訊一股腦兒大量放送的方式為主流。
但是，入侵日常生活的廣告手段，已使多數人變得充耳不聞了。

在電視節目半途插播的廣告；在重要的信件中夾帶的傳單；在家裡做家事時，因電話響起急忙跑去接，卻是推銷的電話…。無論哪一種，都是資訊接收者並不想要、卻單方面硬是闖進其生活中，一味地說著「買吧、買吧」的傳達方式。商品的推銷行為，別說不能引起生活大眾的興趣或關注了，根本已成了擾亂生活步調的討厭事物。

內容行銷是一種先將生活大眾所需的資訊準備好、想看的時候隨時能看的手法。生活大眾能透過網路搜尋或社交媒體找到內容，滿足資訊需求。因此，不會像傳統的廣告那樣被人討厭。

能與顧客產生交流

單方面的宣傳訊息，無法與顧客產生交流
若能妥善設計出讓顧客自行前來尋求所需資訊的環境
有助於溝通交流的活性化

　　企業將想傳遞的訊息以電視廣告、傳單送出，如同單行道般，身為資訊收受者的消費大眾無法表達意見、也無法參與對話。

　　但隨著網路的普及，消費大眾開始能夠自行搜尋資訊、表達自己的意見。現今的網路行銷，以雙向交流為基本架構已是理所當然的前提。

　　內容行銷是蒐集了消費大眾的心聲，進而提供相關內容解決其問題的手法。消費大眾對該內容留下意見、進行分享，如此逐步發展更深的交流。

Eight Reasons
You Don't Sell Your Products

能提高顧客忠誠度

如果是心愛品牌的商品，消費者就會再度回購。
就算其他牌子出了便宜的類似商品，也不會見異思遷，仍會繼續購入喜歡的品牌。
內容行銷在提升顧客忠誠度上也有十分卓著的效果。

在發售新商品的同時，在大眾媒體上投入高額的廣告經費，讓商品大量曝光。為了讓商品能陳列在店舖最顯眼的地方，想辦法跟零售商幹旋。販售生活消耗品或飲料、食品等貼近日常大眾生活用品的業者，一般都採取這些促銷手法，現今也普遍認為這能達到一定的效果。

但是，抱持著「這新商品很稀奇，來試一次看看好了，如果不怎麼喜歡下次就不買」、「只買店裡最便宜的商品」這樣想法的消費者很多。這樣的消費者只要看到其他的新貨色、或低價格的產品上市了，就會見異思遷。如果繼續配合這種模式來擬定銷售策略，結果就會造成廣告宣傳費的高漲、賣場中的集體削價競爭帶來利潤率的下跌，業者更加疲於奔命。

那麼，該怎麼做才好？其實著重在持續提供吸引顧客的內容，不做大規模的廣告宣傳，也不削價求售，就是主要的解決辦法之一。內容行銷的架構，就是在行銷與獲得顧客信賴之間取得連結，提升顧客的忠誠度，來增加商品或品牌的死忠粉絲。

因為喜歡、信賴這個牌子或店家而選購的顧客，是業者能從削價競爭中殺出重圍的至要關鍵。因為他們之後也會不斷回購，成為長期的忠實顧客。

Eight Reasons
You Don't Sell Your Products

容易鎖定訴求對象

只要想辦法將資訊傳出去給更多的人知道，其中一定會有想買的人吧！
這樣的想法只會平白增添廣告費用而已。
內容行銷從一開始就將資訊交給對商品感興趣的特定對象。

　　有個專門用來評估電視廣告效果用的指標，稱為GRP（Gross Rating Point）。它是將播放時的預計收視人數與播放後的實際收視人數相比較。該指標著重於「資訊傳遞給多少人知道？」而收視對象有沒有興趣則無從得知。

　　內容行銷大多透過搜尋引擎連結到企業網站。人們會將自己的疑問、想找的商品等等相關的關鍵字鍵入搜尋，如果你的公司網站排在搜尋結果的前面位置，被點擊的機率就會提升。透過搜尋找上你的網站的人，原本就對你公司的經營項目有興趣，所以，就能將行銷對象縮小範圍至有興趣的人身上。

Eight Reasons
You Don't Sell Your Products

資訊能自然廣為散佈

只為了銷售商品所做出的內容無法擴散出去，逐漸石沉大海。
透過社交媒體，就能以口耳相傳的方式獲得壓倒性的傳播力。
優質的內容會在網路上成為話題、被持續分享散播。

內容上若是「一味推銷商品」的姿態過於明顯，很難成為話題。內容行銷的重點在於提供人們所需要的資訊。有用的資訊情報，我們也會想傳給朋友知道。若能將情報以部落格文章或影片的方式傳送出去的話，就更方便在推特或臉書等社交媒體上流傳。

例如英國的聯合利華（Unilever）公司所製作的影片「Dove Real Beauty Sketches」，內容大意為：請一位素描師不看女性的臉，僅憑口頭上對其容貌的敘述來進行素描。一張由女性本人來敘述，另一張則是由他人敘述。而兩張素描一比較之下…「妳比妳想像的還美麗！」這樣觸動人心的口號及內容，使影片的點閱次數超過了6,400萬次。

影片出處：「Dove Real Beauty Sketches」（YouTube）

Eight Reasons
You Don't Sell Your Products

容易確認顧客的反應

**主流媒體的廣告除了無法鎖定訴求對象，
也無法調查顧客在接觸廣告後，其後續的行動。
內容行銷則能經由網站的拜訪流量分析等，以數據驗證其效果。**

在主流媒體上刊登的廣告，要想知道廣告對於實際購買行動會有多大的影響，是困難的。當然，透過問卷或團體訪談來進行廣告收視體驗、商品購買動機等調查，也能獲得某種程度的數據資訊。但要進行大規模的調查，一次至少會花上數百萬日圓的費用。

內容行銷的特色，是能夠正確分析該內容在自家媒體曝光後的效果。像以下的資訊都能確實掌握：

· 網站的來訪者的屬性？

· 是利用什麼關鍵字前來網站的？

· 造訪了哪些網頁？

· 網站的再訪率如何？

· 意見欄有哪些意見回饋？

· 電子報的效果如何？

這些都是主流媒體的傳統廣告方式所想要知道卻無法獲知的情報。掌握網站造訪者的反應，能為行銷策略的決定帶來有效的幫助。因為可以分析出公司的執行方案中哪些是行得通的？哪些是無效的？若能善加活用分析結果，相信能找出效果更佳的方案。

因此，
我們需要
內容行銷

走筆至此，已帶領各位讀者一窺「不推銷
商品」的行銷方式：「內容行銷」的部分
效果。那麼，此手法到底該如何著手、會
帶來怎樣的效果呢？這裡要從內容行銷的
思考原點開始說起，接著，除了介紹傳統
廣告手法以外，再由消費大眾的行為模式
改變來看看，為何以內容行銷做為與顧客
主要溝通橋樑的企業會與日俱增。

Why Don't You Use Content Marketing?

什麼是內容行銷?

不大張旗鼓地宣傳
傳統但創新的行銷手法

　　在此將「所謂內容行銷是怎樣的手法？」再次做個整理。內容行銷在日本雖然尚未深入普及，但在海外已是種備受矚目的行銷方式。全球有眾多公司正在親身實踐、藉以提升營業額。話雖如此，它並非是最近才被發明出來的新手法。早在100多年以前，就有企業為了引起顧客的注意而在執行了。1)

　　例如法國的輪胎製造商米其林（Michelin），在1900年便免費製作發放3萬5,000份、厚達400頁的米其林指南，內容刊載駕駛人旅途中會使用到的地圖、及汽車整修相關情報等，日後它發展為知名的美食餐廳指南、當初是以一本導覽書的形式問世。不只著眼在銷售自家的輪胎產品，也為了促進開車旅行的風潮蓬勃發展，於是提供有用的資訊讓顧客有更舒適的行車生活。

　　1904年開發了知名果凍粉廠牌「JELL-O」的美國企業，將使用自家產品作材料的食譜免費發放*1。雖然JELL-O當時沒沒無聞，但在食譜發放後的2年之間，年營業額突破了300萬美元。這些歷史資訊，都詳細介紹於右圖所示的美國Todaymade部落格中。

■ 自古便存在的內容行銷

The Real History Of Content Marketing

Garrett Moon
in Marketing

Have you ever heard of the *The Furrow?*

It is a customer magazine that has been published by the John Deere corporation since 1895. It is now available in more than 40 countries and in 12 different languages, and is widely considered one of the earliest examples of content marketing. The truth is, though, that that magazine was not alone when it came to content marketing.

One of the earliest examples of content marketing is The Furrow. Here is an issue from 1959.

In 1900, Michelin Tires released a 400-page guide geared at helping drivers maintain their cars. It coved basic maintenance, accommodations, and other travel tips. After 35,000 copies were distributed for free, the company began selling the books for a profit.

Early example of content marketing from Michelin Tires.

In 1904, the Jell-O corporation began distributing free copies of its own cookbook that suggested creative and useful ways to use its own product. Before this time, Jell-O was basically unknown and unused. **After just two years of content marketing, the company saw it sales rise to over $1 million dollars per year.**

The history of content marketing is rich, and brimming with stories of success. It includes companies like Nike, Sears, Lego, Sherwin Williams, Hasbro and Proctor & Gamble. It isn't new. In fact, it is one of the oldest, and best, tricks in the marketing playbook.

What Is Content Marketing, Really?

Content marketing is simply a form of marketing that focuses on creating and sharing content, or created media, in order to acquire customers. Basically, it is content that was created to help the customer, rather than sell a product. As it turns out, however, content marketing is actually pretty darn good at selling products.

出處：「The Real History Of Content Marketing」（Todaymade）

＊1「JELL-O」現在已成為美國Kraft Foods的旗下品牌。

在本書中，將內容行銷定義為「以獲得顧客為目的致力於製作、提供內容之行銷手法」。比起販售商品，內容行銷更將重心放在內容的製作，以期給予顧客正確的知識。

現今內容行銷所製作的內容形態五花八門，有「部落格」、「影片」、「電子書（PDF檔案格式的手冊）」、「案例集」等，尤其是以數位化的資訊占大多數。這些內容都必須要對顧客有所幫助。而且，內容行銷不能只做一次就結束。要持續地製作各種內容、加入最新資訊不斷的進行更新。要實踐此手法，企業必須要像媒體一般自行企畫、製作內容，並持續地測試其效果。

集客式行銷（Inbound Marketing）與推廣式行銷（Outbound Marketing）

在談到內容行銷時有時會出現「集客式行銷（Inbound Marketing）」這個關鍵字。這個辭彙是由美國HubSpot所提出，內容行銷與集客式行銷概念十分相近，內容行銷可說是集客式行銷的其中一種形態。

為了理解何謂集客式行銷，首先來說明它的反義詞「推廣式行銷（Outbound Marketing）」。推廣式行銷，就是以銷售商品為目的進行「登門拜訪」、「電話推銷」、「廣發電子郵件」、「電子報」等接近假想顧客的手法。若以「強迫推銷」一詞來解釋相信讀者就能明白了。這種推廣式行銷的強迫推銷方式，近年來效果愈來愈差，大部分人遇到登門推銷及電話推銷都會抱持警戒的態度，即使聽了行銷話術也會加以拒絕。

另一方面，集客式行銷則是不硬推商品給顧客。在網站或部落格提供實用的資訊內容，然後以「讓目標客戶找上門」為目標。「讓客戶自行發現」這一點非常重要，請務必要先銘記在心。取自「由顧客自行來主動接近我們設計的內容」之意，所以稱為「Inbound（進來到裡面）」。

那麼，該怎麼做才能讓目標顧客「自行找上門」呢？就是要瞭解「目標顧客需要什麼樣的資訊、正在尋找什麼」，然後將該資訊以容易搜尋到的方式提供給他們。這是關鍵的重點。

右頁的圖是集客式行銷的5個步驟。[2]其中最重要的是「步驟1：以在網站及部落格上提供資訊的方式使網站的訪客數增加」。

現今的消費者在購物前先自行透過網路收集情報、獲得相關知識已是習以為常。這就是「提供目標顧客適切的資訊」、「適時更新內容」會變得愈來愈重要的背後原因。因為提供有用的內容，能賦予消費大眾購買商品或服務的動機。

因此，集客式行銷通常都以內容為重心來開始進行。致力於內容提升的集客式行銷，也可說就是內容行銷吧！

因為以往的推廣式行銷的成效不彰，全球的企業行銷動向便更加速向內容行銷靠攏。其中影響最鉅的事件，當屬2011年美國可口可樂（Coca-Cola）所發表的廣告戰略「Content 2020」了。該公司將針對內部行銷團隊製作的影片，公開發表於影片分享網站「YouTube」上。[3][4]

STEP5	分析應該改善的地方
STEP4	將購買過的顧客培育為回購客
STEP3	讓目標顧客願意購買商品、服務
STEP2	將網站的訪客變成目標顧客
STEP1	以在網站及部落格上提供資訊的方式使網站的訪客數增加

內容行銷的全球風潮

在影片中，可口可樂向大眾傳達：「因應消費大眾的環境變化，從現在起必須將創意導向的廣告戰略轉往內容導向才行。」同時也提倡不能全靠電視廣告、應事先將內容準備好，透過一切管道讓消費大眾想看時隨時可以收看的必要性。無獨有偶，美國寶僑公司（The Procter & Gamble Company；P&G）、瑞士雀巢（Nestle）等大企業也公布，將分配預算挹注於自家媒體及社交媒體等行銷活動上。

不只歐美圈，亞洲地區關於內容行銷的活動也十分蓬勃。泰國一家總公司位於曼谷、名為「Thai Life」的壽險公司，在2014年4月將一支叫做「無名英雄（Unsung Hero）」的3分鐘影片上傳YouTube [5]。內容敘述主角是一位貧窮的男性，總是幫助自己生活周遭的弱者。遇到推著推車的老太太便幫忙推一把、看到餓著肚子的狗兒便將自己的肉拿出來一起分食，在路上看到乞討著學費的母女，也慷慨資助。

看著他的模樣人們覺得不解，他不求名、不求利，只是日復一日如此親切待人。不知不覺有一天，他的溫情化為肉眼可見的成果：狗兒變得親人、老太太精神奕奕、女孩得以上學去。此時旁白道出「他看見了幸福，感受到愛，得到了無法以金錢衡量的事物。世界因而變得更美好！」片尾最後出現企業LOGO及網址。

這則影片發表後一個星期內便有600萬人次點閱,在5個半月後的2014年9月,點閱率更突破2,170萬次[6]。影片中完全沒有提到任何銷售人壽保險的隻字片語,靠著影片故事獲得人們的共鳴,並透過社交媒體的分享,使點閱人次節節高升。其中,因為想更加瞭解其他內容而去點擊企業網址的人想必也不在少數。

歐美一流企業的內容行銷

可口可樂在發表「Content 2020」後又過了3年,該公司的行銷方向有了什麼變化呢?在2012年11月,該公司將國際官方網站更名為「Coca-Cola Journey」(如右圖)並大幅更新,首頁猛然一看,彷彿是國際新聞網站般,內容分為「品牌」、「生活風格」、「影片」、「故事」等類別,每天都會更新[7][8]。與公司品牌相關的內容與無關的內容各佔一半。

雖說是與品牌相關,也不是那種「來喝可口可樂吧!」的內容。例如一則標題為「The True History of the Modern Day Santa Claus(關於現代聖誕老人的真正歷史)」的文章,是在介紹關於聖誕老人形象的變遷。根據該內容的說法,1930年代以前的聖誕老人並非現在身著紅衣的白鬍子老人形象,而是類似令人感到不快的妖精模樣。形象改變的契機,是受到可口可樂廣告當年起用的插畫家作品所影響。而與品牌無關的內容方面,是以生活風格及文化等相關話題為主。多為娛樂性、能放鬆心情的事物。

■ 可口可樂的網站「Coca-Cola Journey」

出處:「Coca-Cola Journey」(可口可樂)

可口可樂在2013年透過Coca-Cola Journey發佈了1,200則文章、獲得1,300萬訪客人次。而且,每則文章的訪客平均停留時間令人驚訝,長達4分40秒。該網站據說是透過一則文章的訪客平均停留期間,來判斷讀者的投入互動率。且網站讀者有三分之二為34歲以下,集中於18~25歲[9]。這個年齡層正是該公司的目標客戶,是以往的廣告方式逐漸觸及不到的族群。

Coca-Cola Journey的製作團隊，是由總編輯、社交媒體編輯、平面設計師、分析師所構成。其他還有動畫製作公司及自由撰稿人、攝影師等外部人士協力合作。由此可知，就算是廣告預算充足的大企業也相當重視內容行銷，並交出了不錯的成績。

大量上傳YouTube影片的美國醫院是？

在此想向各位介紹一個內容行銷運用有術的非企業例子－美國的綜合醫院「梅奧診所」（Mayo Clinic）。這間醫院除了官方網站（www.mayoclinic.org）以外，還運用以下的社交媒體及部落格資源[*2]。

· YouTube（頻道登錄人數：2萬1,471人）
youtub.com/user/mayoclinic

· Twitter（追蹤人數：86萬4,274人）
twitter.com/mayoclinic

· Facebook（按讚數：53萬9,249人）
facebook.com/MayoClinic

· 新聞部落格
newsnetwork.mayoclinic.org

· 播客部落格 [*3]
newsnetwork.mayoclinic.org/blogtag/podcast

· 梅奧診所的沿革介紹
sharing.mayoclinic.org

梅奧診所的社交媒體策略規劃者，是李·艾斯（Lee Aase）先生。人一旦生了病，就會拼命去瞭解關於該疾病的詳細相關資訊。艾斯認為「醫院為了滿足患者想知道更多的需求，必須提供更縝密的資訊」。

艾斯在善用社交媒體的同時，也成立了「Social Media Health Network」網站，專門收集保健領域中關於社交媒體活用方式的資訊，對從業人士及相關組織的教育大有助益。

梅奧診所幾乎每天都會在Youtube放上數則新影片，不過即使如此，這些影片的點閱數大多在數百次之譜，極少有能達到數萬次的例子。不過這不構成什麼問題，因為原本目的就是讓有需要的人收看，並非要衝點閱數。

大致來說明一下梅奧診所發表一則影片的製作流程。牙醫科的柯卡（Koka）醫師發現，前來看診的患者中有許多人都不太懂他問診時所問的問題。而且因為他的名字帶有異國風味，甚至有人怕無法跟他以英文溝通。因此，柯卡醫師製作了自我介紹的影片，並列舉了在看診時常會詢問患者的項目，請患者在來院之前可以先掌握一下自己的症狀、想好想問的問題再過來。此外，也說明自己本身在倫敦長大，所以說的是英式英文，去除患者對其英語能力的不安。

---

*2 梅奧診所的社交媒體登錄人數等數據為截至2014年9月18日止之資料。
*3 播客（Podcasts）類似廣播的聲音檔，可以利用網路發佈。

除此之外，為了驗證該影片的效果，只分享給一部分患者觀看。依其假設認為，看過影片的患者在接受診療時能減輕不安，診療過程也更有效率，且患者的滿意度也會上升。梅奧診所的目標是透過內容與患者交流，提高患者醫院體驗的滿意度。今日的梅奧診所也持續發表、更新著影片的內容。

梅奧診所的 YouTube 頻道

出處：「Mayo Clinic」（YouTube）

負責打造故事的新職務 「內容策略師」

那麼，在這邊已介紹了好幾個關於推動內容行銷的事例，不過它們都有個共通點，就是持續地製作、提供讀者們所想看的內容。

美國的內容行銷相關業界團體「CMI（Content Marketing Institute）」於2014年實施的調查中顯示，美國B2C（消費者導向服務）企業有72%回答「公司網站增加的內容比去年多」、有60%表示「今後12個月內會增加內容行銷的預算」（回答減少預算的企業僅有2%）。

由此數據可見，許多企業正積極騰出預算投入內容行銷，並期待著它帶來的效果。

這樣的趨勢下，「內容策略師」成為現今美國企業正在尋找的人才。這個職務擔任的角色涉獵很廣，不限於內容的企畫、製作、評價、分析，也要進行擬定戰略、製作團隊的人才分工、專案管理、以及與其他部門間的協調搭配。

內容策略師需要對企業及品牌有深刻的瞭解，並擁有將其品牌故事精神精準灌注於內容中的技能。

搜尋關於此職務的徵人資訊可以發現，企業多要求應徵者有內容製作或在代理商擔任行銷戰略等相關職務經驗。而從內容策略師的重要性日漸高升的徵兆中，名為「CCO」（Chief Content Officer；最高內容負責人）的董事階層的職位也出現了。事實

調查美國 B2C 企業之內容行銷

過去 1 年內
有增加製作內容的預算嗎？

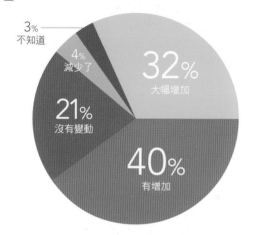

3%
不知道

4%
減少了

32%
大幅增加

21%
沒有變動

40%
有增加

今後 1 年內
會增加製作內容的預算嗎？

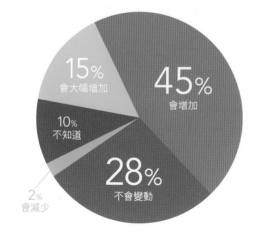

15%
會大幅增加

10%
不知道

45%
會增加

2%
會減少

28%
不會變動

出處：「B2C Content Marketing 2014 Benchmarks, Budgets, and Trends-North America」（Content Marketing Institute）

上，以可口可樂為首，美國經營寵物相關事業的Petco公司、傳播媒體企業Time等，皆已編制任用CCO及類似的董事職務。目前有編制CCO職務的僅限於部分大企業，預算有限的中小企業尚未普及，但擁有一位優秀的CCO，長期看來不但效益宏大，也可預期有降低成本的效果，設置該職位的企業相信會日漸增加。

<參考文獻>
1) Moon, G., "The Real History Of Content Marketing, " http://todaymade.com/blog/history-of-content-marketing/
2) 宗像、「インバウンドマーケティングとは何か？」、http://thecontentmarketing.com/inbound-marketing/
3) "Coca-Cola Content 2020 Part One, " http://youtu.be/LerdMmWjU_E
4) "Coca-Cola Content 2020 Part Two, " http://youtu.be/fiwlq-8GWA8
5) "Unsung Hero (Official HD)：TVC Thai Life Insurance 2014, " http://youtu.be/uaWA2GbcnJU
6) "Heart-warming Thai insurance ad gets 6 million views in a week, " http://www.digitaltrainingacademy.com/casestudies/2014/04/heartwarming_thai_insurance_ad_gets_6_million_views_in_a_week.php
7) 宗像、「コカコーラの企業秘密、消費者に届くコンテンツをつくるコツ」、http://thecontentmarketing.com/coca-cola-contentmarketing/
8) Higginson, M., "Should Coca-Cola Quit Its Content Marketing Journey?, " http://sparksheet.com/should-coca-cola-quit-its-content-marketing-journey/
9) Lazauskas, J., "A Look Deep Inside the Coca-Cola Newsroom: "If This Wasn't Successful, We Would Pull the Plug.", " http://contently.com/strategist/2014/05/01/a-deep-look-inside-the-coca-cola-newsroom-if-this-wasnt-successful-we-would-pull-the-plug/＝10) Justice, J., "The Big Brand Theory: How the Mayo Clinic Became the Gold Standard for Social Media in Healthcare, " http://socialmediatoday.com/joan-justice/1478141/big-brand-theory-how-mayo-clinic-became-gold-standard-social-media-healthcare
11) Kolbenschlag, B., "The Rise Of The Chief Content Officer, " http://contently.com/strategist/2013/11/11/the-rise-of-the-chief-content-officer/

為何現在內容行銷正當道?
—— 過去慣用的方式已遭淘汰

民眾接觸媒體習慣產生變化
跳過、忽略廣告的價值

　　內容行銷會受到矚目的背後原因,是來自於消費大眾接觸媒體時間的變化。下方的圖是日本總務省(相當於台灣內政部)刊載於「平成25年版(西元2013年) 情報通信白皮書」的調查結果。關於「電視」、「網際網路」、「報紙」、「收音機」4個媒體之中,比較其10歲～60歲各世代的平日平均使用時間、使用比例(使用人佔全體之比率)。根據該調查,10歲～60歲世代全體平均使用時間最長的媒體是「電視(即時收看)」,有184.7分鐘,是第二名「網際網路」(71.6分鐘)的2.6倍左右。

■ 主要媒體的平均使用時間及使用人佔全體比率

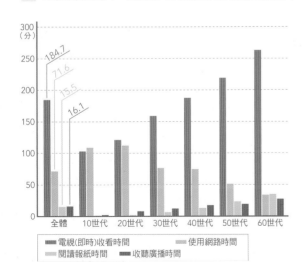

電視(即時)收看時間　　使用網路時間
閱讀報紙時間　　收聽廣播時間

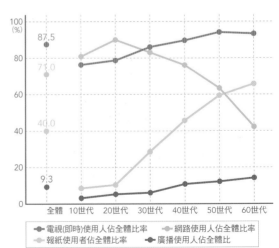

電視(即時)使用人佔全體比率　　網路使用人佔全體比率
報紙使用者佔全體比率　　廣播使用人佔全體比

出處:「平成25年版 情報通信白皮書」(日本總務省)

收看電視時的態度、行為：東京地區

回答「會一邊滑手機一邊看電視」的人佔 48.6%，接近半數。

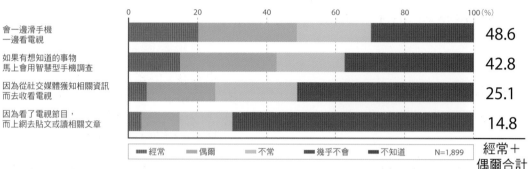

出處：「媒體定點調查2013」（博報堂DY Mediapartner 媒體環境研究所，2013年6月）

　　但是，若將範圍縮至10幾歲～20幾歲的年輕世代，狀況就有所改變。隨著年齡層下降，電視的收視時間也隨之縮短。在10～19歲的年齡層中，使用網路的時數較收看電視多了108.9分鐘、20～29歲的年齡層中，使用網路的時數為112.5分鐘，與收看電視的121.5分鐘相差無幾。至於「收聽廣播」與「閱讀報紙」方面，10幾歲～20幾歲的平均使用時間都不滿10分鐘。

　　關於使用者佔全體比率，也可以發現幾乎同樣的傾向。在10～60歲世代全體中，收看電視的比例為87.5%居冠，使用網路次之。但在10幾歲～20幾歲年齡層則出現逆轉。在10～19歲的年齡層中，網路使用率佔80.9%，20～29歲的年齡層則高達90%，超越了電視收視比率。可以看出對年輕世代來說，比起電視，網路已成為更貼近生活的媒體。

　　根據博報堂DY Mediapartner的「媒體定點調查2013」的內容，也同樣顯示出年輕世代接觸網路的時間較長，年齡層愈往上則接觸電視的時間有愈長的傾向。

　　該調查也包括在收看電視時智慧型手機的使用情況（如上圖）。回答「會一邊滑手機一邊看電視」者佔48.6%，回答「如果有想知道的事物馬上會用智慧型手機調查」者佔42.8%。可以得知比起認真收看電視上的資訊，近半數的人會選擇打開電視當做日常生活中的背景，然後透過網路進行其他資訊的搜尋及瀏覽、或是從電視上獲知情報後用網路再行搜尋，以確認更詳細的內容。

　　不僅如此，在該媒體定點調查中也能確知，這種重心轉移至網路上的行為在30歲以下的年輕世代相當顯著。該調查中，也針對「電視」、「收音機」、「報紙」、「雜誌」4個媒體及網路（電腦、手機）的每天接觸時間（一週平均）向各世代及依男女別進行訪問。

■ 每日接觸傳統媒體與網路的時間，週平均（依性別、世代別）：東京地區

男性 10 幾歲、20 幾歲；女性 10 幾歲、20 幾歲、30 幾歲的受訪者以手機上網的時間超過 60 分鐘。

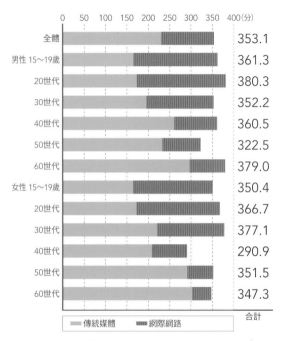

出處：「媒體定點調查2013」
（博報堂DY Mediapartner 媒體環境研究所，2013年6月）

根據調查結果，在「電視」、「收音機」、「報紙」、「雜誌」等傳統媒體接觸時間比例佔壓倒性多數的，是50～60幾歲年齡層的女性。 40～60幾歲的男性雖然使用網路的時間較長，但接觸傳統媒體的時間也長。但在30幾歲以下的世代，就呈現大幅變化。傳統媒體與網路的使用時間幾乎並駕齊驅，15～19歲及20幾歲的男女在網路方面的使用時間較長。

年輕世代閱報率逐漸減少
10幾歲年齡層每天讀報者僅10%多

報紙也曾經跟電視同樣是大宗資訊來源之一。但就像人家說的「年輕人不看報」，報紙的購買、閱讀率在年輕一代中急速下滑。專門進行網路調查的民生媒體調查網站「Research Bank」於2013年10月發表的新聞購閱調查結果中，50歲以上的較高齡層購閱的比例最高，60幾歲世代的男性有75%回答「幾乎每天都會閱讀報紙」（見下頁圖表）。從這個數字可了解，若廣告策略的訴求對象是50幾歲以上世代的話，報紙廣告仍有一定的效果。

另一方面，回答「幾乎每天都會閱讀報紙」的10幾歲受訪者中，男性僅有19%，女性僅有13%。對於回答不看報的10～60幾歲男女，進一步問其不看報的理由，有50.3%的回答是「看網路上的新聞就夠了」。回答「看電視新聞就夠了」居次。作為新聞情報的來源，「迅速」「方便」的優勢已從報紙轉移到其他媒體，其中，網路更已逐漸成為情報資訊來源的中心。

從調查數據也可以發現，傳統媒體最具代表性的電視、報紙，在年輕一代之中收看時間減少、廣告也有被忽視的傾向。此現象雖然目前只在年輕世代中特別顯著，但今後隨著時間推移，對傳統媒體的廣告策略不買帳的年齡層也會日漸擴大。欲將資訊傳達

給目標客層的廣告戰略，只靠廣告費在主流媒體曝光是不夠的，而要從根本重新審視才行。從這些調查數據可以知道，我們現今正面臨這樣的關鍵時期。

獲得數位生活帶來的力量
大眾的購物行為開始改變

消費者在生活上的變化，不僅在於接觸媒體的時間而已。在接收到資訊後的行動，也隨著網路的普及有了大幅的改變。一直以來總是被動地接受來自媒體的資訊、受到該資訊刺激而進行消費的大眾，開始能做出更好的判斷，主動地蒐集情報了。

在日本總務省的「平成23年版（西元2011年）情報通信白皮書」中，對於情報通訊技術的普及所帶來的民生變化進行了驗證。其中很有趣的是，在各個領域中的資訊來源項目，網站的地位日漸受到重視。這個調查將2005年（平成17年）及2010年（平成22年）的狀況進行比較。在2005年時，提出將「網站（電腦）」做為資訊來源的人很少，多數人將電視及報紙視為主要資訊來源。

■ 關於報紙的調查

Q. 您平常會閱讀報紙（紙本媒體）嗎？
※ 限單一答案／對象為 10 ～ 60 幾歲全國男女（n=1,200 人）

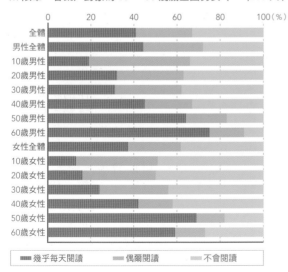

Q. 您不看報紙的理由為何？
※ 答案可複選／對象為不看報紙的人（n=398 人）

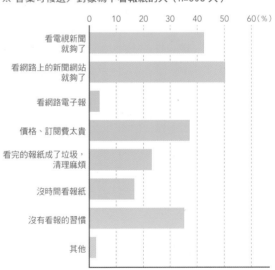

出處：「媒體定點調查2013」（博報堂DY Mediapartner 媒體環境研究所，2013年6月）

但在5年後的2010年，將網站做為資訊來源使用的人口比例（使用率）在許多領域中都同樣持續成長。尤其在「購物、商品情報」、「旅行、觀光情報」的分類中，「網路（電腦）」的使用率最高，超越了電視（如下圖）。「手機情報網站」的使用率也有升高的趨勢。

可以看出網站已經居一般大眾的資訊來源中心了。此調查是4年前的狀況，其後由於智慧型手機的普及，上網收集情報更加輕鬆方便，使用網路的人口比例更為提高。

■ **不同類別的資訊來源使用情況**

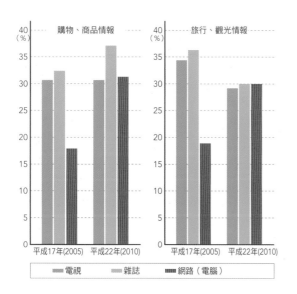

出處：「平成23年版（西元2011年）情報通信白皮書」（日本總務省）

購物流程的變化
口碑評價成為必要條件

我們來想想看在網路普及「之前」及「之後」，購物的流程發生了怎樣的變化。

以前消費者的購物流程，不外乎是按照「AIDMA」的步驟。以購買冰箱為例，消費者首先會注意到電視廣告宣傳中的A牌冰箱（Attention；注意），然後對該冰箱的特色開始感興趣（Interest；關心）。不久後瞭解了該冰箱的優點及魅力，開始想要在家裡擺一台（Desire；渴望）。接著，在不斷看到A牌冰箱廣告的過程中，加強了對該品牌的印象（Memory；記憶），在與過去曾買過的商品比較後覺得十分理想的話，就會去店家購買（Action；行動）。取其流程中的英文字母開頭，稱之為「AIDMA」法則。

在網路普及之前，一般大眾能比較的對象只有過去自己的經驗。如果是個性比較慎重的人，可能會貨比三家，拿各家目錄多方比較研究，但因為很耗費精神跟時間，所以大多數人會選擇鄰近的家電行購買了事。這裡有個重點，希望讀者們好好了解：在網路普及前，消費者是「與自己過去的購買經驗相比」然後決定購買行為。由於比較的對象少，所以只要在廣告中不斷強調「我們的商品很棒！」就有辦法把商品賣出去。

但是，網路普及後購物流程變得複雜化了。因為消費者不再是被動接收資訊，也有了主動收集資訊的能力。尤其是帶來重大影響力的「網路搜尋引擎」及「社交媒

隨著網路普及而產生的購物流程轉變

在網路上產生了特有的購物形態

出處:「ICT基礎設施發展對生活形態及社會環境等影響及其相互關係之調查」(日本總務省,2011年3月)

體」。從此之後,只要在搜尋入口網站上有感興趣的商品,在搜尋網站上進行「搜尋」(Search)已成了理所當然的步驟。而且,網路提供了一個可以交流的環境,消費者在購買商品後,能以體驗者的身分在社交媒體上發表感想與意見,與其他人「分享」(Share)。購物流程中,完成購買行為不再是最終步驟。以這兩個「S」為前提的購買流程,稱為「AISAS」模式(見上圖)。近來更常被使用的是被稱為「AISCEAS」的進階模式。

靠搜尋獲得商品詳細資訊的民眾,在比較商品價格(Comparison)、確認購買者的意見感想等口碑評價(Examination)後,好不容易下定決心購買(Action)。隨著搜尋以

後發生的步驟情況不同,也有可能變得不想購買或改買其他商品。

其中,「共有、分享(Share)」這個過程帶來非常重大的影響。隨著網路普及,購物行為更容易在社交媒體引起話題、在評比網站上發表自己的評價也變得更容易了。只要透過上網搜尋,很輕鬆就可以得到驗證。口碑評價來自眾多購買者體驗之集大成,跟過去僅能依靠自己及周遭朋友的經驗相比,能收集到的情報量倍增。而且,分享出去的資訊又與他人的「Attention」及「Interest」產生連結。

溝通工具的使用目的

使用推特的多數理由,是「因為想發表自己有興趣、關注的資訊」、「想傳達自己的狀況」

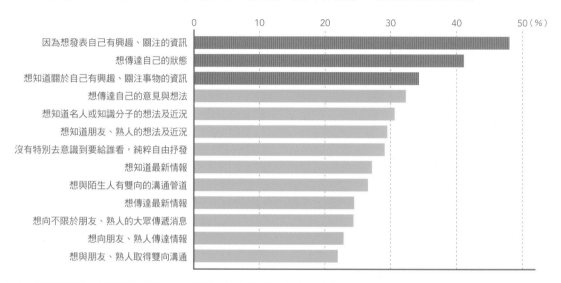

出處:「關於即時性多樣化溝通工具的使用狀況調查」(日本總務省,西元2010年)

此外,全球最大搜尋網站-美國的谷歌(Google),將消費者決定在店面購買前先上網調查的行為命名為「ZMOT」(Zero Moment of Truth),提倡此種關於購物決策的新行銷模式。

關於購買商品後的使用口碑,在網路普及之前也已行之有年。但其範圍僅限於家族、朋友、鄰居、公司同事等,不脫當事者身處的生活圈。

使情況大幅改變的是推特、臉書及LINE等社交媒體的普及。一般大眾無論是誰都能輕鬆地發佈自己的使用感想。不僅如此,透過社交媒體傳播擴散的口碑評價,其速度及數量都戲劇性地持續增加中。以網路搜尋他人口碑評價也變得十分容易,更助長了這股趨勢。

上方的圖表是日本總務省在「關於即時性多樣化溝通工具的使用狀況調查」(平成22年,西元2010年)中調查推特的使用目的。第1名及第3名分別是「因為想發表自己有興趣、關注的資訊」、「想知道關於自己有興趣、關注事物的資訊」。

在部落格及SNS(Social Network Service)的使用目的方面,居上位的理由也

如出一轍，可知多數人是為了發佈自己的狀態而使用社交媒體。

自發性發佈消息的人數增加，也就意味著人們自動地替企業將資訊散播出去的可能性提升了。換句話說，製作出能促進人們散播行為的內容或商品，就變得至關重要。實際上，許多企業都已開始活用這樣的網路環境進行廣告宣傳。

可口可樂在2014年開賣瓶身印上姓氏及名字的可樂。由於印製的姓氏及名字種類有限，很多人發現自己的名字時因為很驚喜所以會上社交媒體發佈。這個企劃雖然沒有特別在電視廣告做什麼宣傳，但網友們自發性地將資訊發佈、分享，所以消息廣為人知，也正面影響了購買行為。

來自一般大眾的資訊分享及有效利用網路搜尋的例子，在廣告界也屢見不鮮。例如在電車上張貼的廣告，現在多數都增加了一些設計希望能引起低頭族們的注意力。像是在廣告上先印好QR Code（二線條碼產生器）就是個易於瞭解的例子。

實際上，根據由日本鐵路廣告協會成立的「交通廣告共通指標推動專案」在2014年2月發表的資料中，接觸到車廂廣告的人士中大約有2成回答「有上網查詢（該商品或服務）」。且其中有66.5%回答「用智慧型手機上網查」。也就不難想見用手機獲得詳細資訊的乘客，下一步即可利用社交媒體，在電車內把資訊再分享出去。

從這例子就能看出一般大眾接收資訊的形態正在改變。不再只是單方面接受由企業發佈訊息。個人開始能善用自己的搜尋工具獲得、分享充實的資訊，情報有了多種管道的擴散方式。這是我們要先注意到的重點之一。

接觸到廣告的人士所採取的行動

※「接觸到廣告的人士」是指在廣告刊登期間內有看到車廂廣告的人。

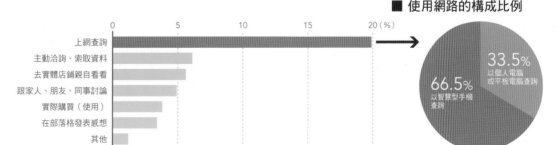

■ 使用網路的構成比例

66.5% 以智慧型手機查詢

33.5% 以個人電腦或平板電腦查詢

出處：交通廣告共通指標決策調查（交通廣告共通指標推動專案，2014年2月）

給予網站訪客需要的資訊
內容要設身處地為其著想

　　一般大眾為了要獲得、比較更詳細的資訊，開始會在網路上進行搜尋。所以身為企業必須先以大眾的上網搜尋動作做為前提，事先把內容給準備好。

　　例如，假設週末有位即將要初次挑戰黏土手工藝的人士。首先他可能想先把材料準備齊全，所以上網查詢相關資料。試想，如果這個時候，有一個網站詳細地介紹了黏土的種類、特性、選擇方式、使用方式、手工藝的作法…等，會怎麼樣呢？透過搜尋找到這網站的人，會想「有這個網站的話，週末想做的東西應該都沒問題了」並視為重要參考吧！而且對於在該網站上所介紹的黏土及道具等，購買的機會也很高。

　　人們透過「黏土」這個關鍵字，在網路上找到了相關的本公司產品，所以必須要好好迎接，貼心地提供他們需要的情報內容，成為他們的助力。這就是在網路搜尋時代中內容行銷的基本精神。

　　接著，在週末完成了黏土手工藝體驗後，可能會將作品放上部落格或社交媒體。看到的人們如果產生了興趣，覺得「我也想試試看！」的話，就會向該作者探問該如何著手。如此一來，作者可能就會提供、分享這個網站的內容，這些有價值的資訊就會自然地散播出去，在對該領域有濃厚興趣的人們之間開始流傳。而這些感興趣的人們會自發性地去搜尋這些內容，繼續分享、擴散。

■ **依關注度（參與程度）所做的粉絲分類**

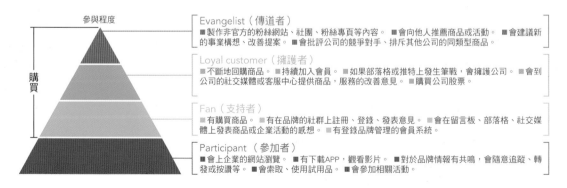

出處：「SIPS～即將到來的社交媒體時代　新生活消費行動模式及概念～」（電通）

不只是商品或服務，也充分提供豐富的相關領域內容，更容易獲得粉絲的青睞。

當然，雖說是粉絲，但其關注程度還是有所差別。電通現代溝通實驗室（Modern Communication Labo）將這些等級整理如上頁圖表。

關注度最低的等級為「參加者」（Particpunt），是指會瀏覽企業官網、追蹤企業的社交媒體帳號的人們。再上一級的，則可稱之為「粉絲」，他們會實際購買商品、在企業的社交媒體上表達自己的意見，支持企業。

關注度更高的是「擁護者」（Loyal customer），是指會持續回購商品、當企業的社交媒體上爆發批評聲浪時，會擁護企業、幫企業發聲的人。接著是最高等級的「傳道者」（Evangelist），傳道者會自發性地為企業宣傳、為企業提供後援。首先，要使「參加者」漸增，將其逐步培養成支持者的工作十分重要，而為了這個目標，必須使用社交媒體持續發佈情報、在網站上準備好充實資訊內容的重要性更是不在話下。

B2B交易
也掀起內容行銷的浪潮

內容行銷在B2B（企業對企業之間的交易）商務上也是重要的行銷策略。請讀者想想看，在尋找新的合作對象時、公司要添購新設備時，負責人都會先收集各式各樣的資訊進行比較、研議，提出讓上級信服的證據、理由來促使提案通過。在做下決定以前，首先的著眼點就是企業官方的公開資訊吧！如果該內容值得信賴、充滿豐富的專業知識、能提供讀者解決問題的線索的話，對該企業的信任度就會更加提升。

介紹一則關於B2B內容行銷的事例。美國的Illumina是一家專門從事基因分析工具開發的B2B企業，擁有為數可觀的客戶群，遍及學術研究機關、製藥企業、生技企業等，致力於全球最先進的研究活動。該公司設立於1998年，算是比較新近的企業。上Illumina的官網可以看到使用該公司工具所做的基因組分析數據，也有學術論文等豐富的資訊供人閱覽。除此之外，還定期舉辦線上研討會「Webinar」，積極發佈資訊。

在商務型社交網站「LinkedIn」上，登載著Illumina關於內容行銷的徵人資訊。要徵求的是科學類行銷內容的主管級人員。業務內容方面，除了「相關內容製作團隊的統籌」，還有「確立、擴充對公司成長性具有重大影響之行銷內容的基本制度」、「內容戰略的訂定」、「跨越多方管道的內容製作」、「建立讓內容可重覆使用及散播的機制」等。

令人意外的是，Illumina並不強烈要求必要條件之一的基因分析專業知識。取而代之的是行銷溝通能力、內容戰略、使用者導向的設計等，招募條件十分重視內容製作及資訊發佈（publish）的相關技能。從這樣的招募資訊也能看出Illumina將內容行銷視為重要戰略方針的意圖吧！

You Can't Survive Without Content Marketing

不懂內容行銷的公司勢將無法生存

為什麼我家老大不能理解呢？

　　當你在向上司提出建議：「我們公司也來嘗試導入內容行銷…！」之時，對方是從善如流接受了提案，還是反問你「那是什麼?從來沒聽過」、「我們已經有其他促銷活動了，沒這個必要吧」等等，一口回絕了呢？

　　但是，就像到目前為止向各位說明的，消費大眾的媒體接觸生態已經改變了。對於開始會自行去獲取所需情報的人們來說，一直以來由企業方主導灌輸資訊的方式，已漸漸無法有效傳達。

指標	內容	可驗證事項
個人訪問者	收看內容的人數	可知內容有多少人看過
網頁停留時間	使用者打開內容收看的時間	可知對於內容有無興趣
回訪數	重複來訪收看的人數	可知對於內容感興趣、關注的程度
外部LINK數	從外部網站連結到內容的次數	可知內容的品質優劣
分享數	在社交媒體上的分享數	可知內容的人氣度
追蹤數	在社交媒體帳號的被追蹤數、按讚數	可知讀者對於品牌的認知度
意見回饋	對內容的意見回饋	可知讀者的反應及意見
下載數	內容被下載次數	準備可供下載的內容，可知讀者對該主題感興趣的程度
客戶開發	從內容下載中獲得的讀者基本資料	於下載時準備使用者基本資料欄及聯絡表格，獲得讀者情報，也能評價對業績的貢獻度
轉換率	收看內容的使用者行動率	可知內容中的會員登錄、電子報登錄、下載、洽詢、商品購買等行動率

只要砸廣告費東西就能賣，這已經是過往雲煙了。緬懷過去美好時代也是沒有用的吧！只執著於舊思維模式的公司，是無法繼續存活下去的。

Case 1
效果是可以測知的

例如，上司最有可能出現的反應，是「即使實施了內容行銷，效果也無法得知吧！」的確，非由公司直接宣傳商品、服務的內容行銷，總予人不易看出效果的印象。

但是，事實並非如此。透過定期的檢測，內容行銷的效果是可以量化的。甚至比起主流媒體上刊登廣告，還更易於明瞭。首先，進行檢測必須先決定「KPI」（Key Performance Indicators；重要業績指標）。使用該指標持續地進行檢測，效果就能看得見。例如，從內容觀看人數「個人訪問者」及內容閱覽時間「網頁停留時間」就能得知有多少人收看內容、關注的程度有多高。訪問者人數愈多、停留時間愈長，就表示對該內容感興趣而前來參閱的人愈多。

Case2
沒有預算所以沒辦法開始著手…
We don't have budget for Content Marketing…

一般廣告
會隨著播放量收取播出費。
但內容行銷
只要在自家網站放上內容就好，
可有效降低廣告成本

　　若活用社交媒體的話，從社交媒體的「追蹤數」多寡可掌握品牌認知率，而從內容的「分享數」數量也能得知內容的人氣度（共鳴度）如何。從被分享的內容，及讀者對於內容的意見，則可獲取讀者反應及回饋。

　　將白皮書或資訊圖表等製作為可供下載的內容，就能掌握目標客戶（抱持關注的使用者）的資訊、屬性等。只要在下載時設計特定的填寫表格，即可收集關於屬性的資訊。利用此資訊，就能評價目標客戶是否有實際購入商品。若知道收看哪些內容的人，

會進一步做會員登錄、電子報登錄、下載、洽詢、購入等動作，對於準備內容時就成為重要的參考。

　　當上司質疑效果要如何檢測時，你只要充滿自信地回答「我會提出有憑有據的資訊」即可。內容行銷是將喜歡商品、服務、公司的粉絲實際帶到眼前來的工具。也該是時候停止靠經驗及感覺的經營方式了！

　　內容行銷可以透過數字掌握「消費大眾對什麼感興趣、會經過哪些過程後購入商品？」此數據對於貴公司的業務，會是貴重的資產吧！

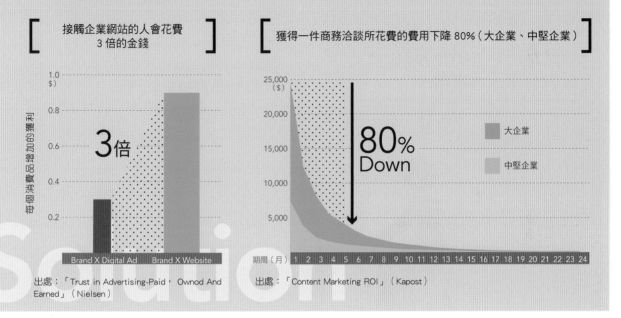

內容行銷的巨大衝擊

[接觸企業網站的人會花費
3 倍的金錢]

每個消費品增加的獲利

1.0
($)

0.8

0.6

3倍

0.4

0.2

Brand X Digital Ad　　Brand X Website

出處：「Trust in Advertising-Paid，Ownod And Earned」（Nielsen）

[獲得一件商務洽談所花費的費用下降 80%（大企業、中堅企業）]

25,000
($)

20,000

15,000

80%
Down

10,000

5,000

大企業

中堅企業

期間（月） 1 2 3 4 5 6 7 8 9 10 11 12 13 14 15 16 17 18 19 20 21 22 23 24

出處：「Content Marketing ROI」（Kapost）

Case2
可以降低成本

　　「因為沒預算所以沒辦法做。」這也是在進行內容行銷提案時上司可能會說的一句話。對此，你只要回答：「比起一般廣告，內容行銷更能削減成本！」就行了。因為內容行銷只要把內容放上自家公司網站即可。

　　過去所製作的內容也能繼續存放，所以只要持續下去，內容就能慢慢增加。對商品相關領域有興趣的人們，會利用網路搜尋功能尋找關鍵字的資訊。此時，只要對搜尋者來說有用的熱門相關內容愈多，搜尋者找到自家公司的機會就愈高。然後，這些被搜尋到的內容若能提供有效幫助，在社交媒體上被分享的機會也就增加了。

雖然對內容行銷有興趣，
但公司裡沒人會做…

因為從來沒嘗試過，
所以才會先入為主
覺得沒有這樣的人才吧。
其實，讓您意想不到的是，
公司內部有人會做喔！

一直以來在主流媒體或網路廣告的手法，大多是依曝光量來調整刊登費用，投入大筆的預算，製作只在特定期間播放的廣告。與之相比，內容行銷即使不花錢做宣傳，也能增加顧客前來找尋公司網站及商品的機會，還潛藏了客戶成為粉絲的可能性。

也有關於驗證內容行銷效果的調查數據。根據美國尼爾森（Nielsen）報告，與收看特定品牌消費財線上廣告的家庭相比，只收看關於該品牌內容的家庭，其對於單件商品之營業額貢獻度高了3倍。美國Kapost公司的報告也指出，雖然內容行銷在製作內容時需要花費，但由於內容可長期刊登播放，故播放後5個月後獲取讀者資訊的單位價格一口氣大幅下降。

Case3
找尋公司內部的人才並加以培育

也有很多上司會先入為主地認為，從來沒有接觸過內容行銷，所以公司裡應該沒有這類人才。他們會說：「雖然很有趣，但公司內部沒人會做吧！」

但是，請好好觀察公司內部一下。在日

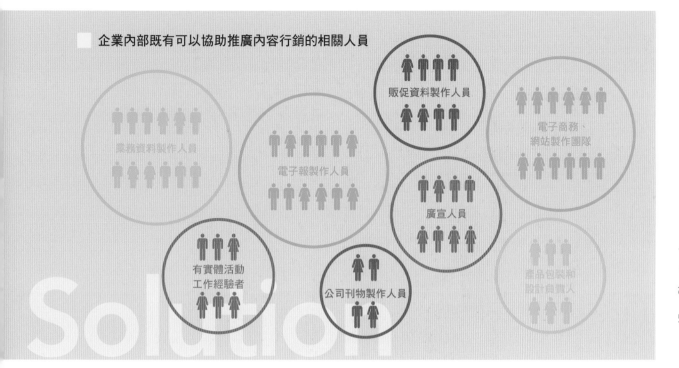

企業內部既有可以協助推廣內容行銷的相關人員

業務資料製作人員

電子報製作人員

販促資料製作人員

電子商務、
網站製作團隊

廣宣人員

有實體活動
工作經驗者

公司刊物製作人員

產品包裝和
設計負責人

常業務中有在從事內容製作的員工意外地並不少。只是他們可能沒有把它叫做「內容」或「內容行銷」罷了。

　　例如，幾乎大部分的企業都有網站，每天都在運作。擁有販售商品用的網路購物網站也不在少數。其製作團隊、及跟外部製作公司接洽的員工，就可以成為內容行銷的負責人候補。

　　公司內有沒有負責業務與促銷的人、每天製作針對向顧客說明的資料及電子報呢？還有商品開發部門擔任包裝設計的設計師，應也能在製作內容上發揮一己之力。其他像是媒體對應窗口、平日負責新聞發佈的廣告部門負責人、公司內部報刊的負責編輯等都可以是內容行銷的不二人選。

像這樣，從對公司內外製作內容有經驗的人們中、找出應該可以擔任內容行銷的人、對這方面躍躍欲試的人。最初從小地方開始，邊看成效慢慢地逐步擴增即可。在經驗漸漸累積下，不只是關於銷售商品方面的內容，應該也能摸索出對顧客有幫助、改善生活等方面的內容進行製作。

Case4
日本已經有企業正在執行中

「內容行銷沒有前例，那是美國那邊才

有的事吧？」若被上司這樣反問，也沒必要感到喪氣。即使在日本，已有許多企業進行內容行銷的例子。

例如花王設立了一個名為「MY KAJI STYLE」的網站，發佈許多關於各種家事方面的生活智慧情報。這個網站上所刊載的內容，與該公司的商品無關。男性、女性、有小孩的人、寵物飼主等，都可在上面搜尋配合自身生活方式的文章閱讀。

上「MY KAJI STYLE」網站的人有6成都是透過網路搜尋引擎找到網站的。搜尋時使用的關鍵字也不是商品名稱。似乎都是以

■ 日本也漸漸增加的內容行銷事例

出處：「我的家事風格」網站（mykaji.kao.com）

出處：「Careco」官方部落格（blog.careco.jp）

「洗衣服　變形」、「燙衣服　方法」等解決生活課題的相關關鍵字而找到網站上的內容。網站上的內容，幾乎沒有以該公司產品來解決讀者們的問題，而是介紹一些用身邊物品來讓家事更輕鬆簡便的訣竅。集合各種消費大眾想知道的知識製作內容，刪除一些高談闊論。如此一來，也易於吸引原本不是花王支持者的人。

　　導入內容行銷的不只是花王這樣的大企業，推出以首都圈為中心的汽車分享服務「Careco」的Car Sharing Japan，從2013年起經營部落格。上面刊載了關於交通安全資訊、出遊景點介紹等，也有關於開車的實用情報、及享受駕駛樂趣的資訊。點閱這個部落格的訪客有7成左右是透過網路搜尋，隨著文章數的增加，在部落格上的會員登錄數也增加了。

　　日本企業接二連三地挑戰內容行銷，如果不試著挑戰看看的話，恐怕會被競爭對手超越。筆者建議，就趁現在充分收集情報，將內容行銷應用在貴公司的經營策略中吧！

如何靠內容行銷獲得成功？

不擅長行銷的日本企業
是否空有一手好牌卻不會打？

走筆至此，向各位介紹了內容行銷現今受矚目的原因、以及它帶來的效果。智慧型手機及社交媒體的無所不在，為消費大眾的購物流程帶來了巨大的改變。對有興趣的商品用手機進行「搜尋」，確認過其機能、設計、價格後，再到店面去看實體商品，然後在上網比價以最便宜的價格購入。購買之後，再將感想貼上部落格及社交媒體發表，將資訊「分享」出去。幾年前還無法想像的購物行為，現在已是稀鬆平常的事了。

在這樣的情況下，接近潛在顧客、建立和顧客間的信賴關係，或是進行搜尋引擎最佳化（SEO）策略等多種努力措施中，企業所發佈的內容資訊占有舉足輕重的地位。不是用「要不要買我們的商品」這種單方面明顯的廣告推銷方式，而是提供顧客有用的內容資訊、獲得顧客的共鳴，使喜愛自家公司商品的粉絲能更容易增加，是其最關鍵的理由。

那麼，內容行銷要成功，該怎麼做才好？重點為何？就用我自身的體驗來跟各位一起思考。

我是在1998年進入富士通公司。當時是任職於行銷本部及全球營業本部，去美國時則負責營收不佳子公司之重整及建立新事業項目。透過富士通的留學制度，取得美國賓夕法尼亞大學華頓商學院的MBA，並受到立志網路創業的同儕們影響，於回國後，於樂天及Nexpas上班，有了建立電子商務及社交媒體的經驗。

在美日兩方的商務經驗中，最讓人深深感慨的是「日本企業的行銷能力很弱」一事。拜高度經濟成長所賜，加上「只要做出好東西就能賣」的文化根深蒂固，公司沒有行銷的能力。或著是某些事只侷限於某些職務的人才會做。另一方面，很多美國企業的商品或服務的品質雖未必最佳，但靠著優秀的行銷手段卻能提升營業額、獲得市佔率。難得有優質的產品或服務，但沒有良好的行銷方式的話，真的是可惜了一手好牌了。

2003年我在留學攻讀MBA時，曾以「在畢業後5年內成立能幫助日本中小企業的行銷公司」為題寫下留學論文。當然雖然只有略具雛形的觀點，但在商務經驗的累積中，更加強了這樣的想法。而東日本311大震災的契機下，於2011年6月，我成立了公司，就是現今的INNOVA。

部落格持續不綴的經營
讓「日經BUINESS」
發現了我的存在

隨著公司的成立，在研究海外的行銷趨勢時，我發現了一件事。就是「內容行銷」以美國為中心開始大幅地流行了起來。不僅是可口可樂、寶僑、IBM等全球性的行銷龍頭企業，一些中堅企業、中小企業及新創公司都正在積極地涉入其中。

我特別注意到的是矽谷的中小企業巧妙地將內容行銷應用於推出新商品及服務，成立自家品牌的例子。我思忖：「如果善用內容行銷，是否能讓日本的中小企業也活絡起來呢？我在美國留學時所提出的自己的觀點，不就能實現了嗎？」因察覺到了這一點，所以邁向了成立內容行銷事業之路。

雖然有著滿腔的抱負開始創業，但面臨了「零顧客」、「零知名度」、「員工只有自己1人」，再加上資金調度只憑信用卡貸款，真是草創於風雨飄搖中。於是，沉吟思考的結果，決定從自身來實踐內容行銷。首先著手的就是讓內容行銷的基本精神：「官方營運部落格」上軌道。上面發佈了關於內容行銷的美國最新動向、有效率的方式、運用Know-How、成功的祕訣等文章。並發表了從過去至今的經驗中，對中小企業經營有所幫助的商務資訊。

部落格的標題範例，列舉如下：

「撼動美國零售業界的 Showrooming 是什麼？」

「手機帶來的破壞性新機制」

「成功的手機線上購物戰略 5 祕訣」

「美國企業的社交媒體預算急增，今後 5 年將增為 3 倍」

「瞭解網路化的消費者購買行為」

「內容行銷三步驟」

「內容行銷的投資報酬率為何」

「將中小企業的生產力提升雙倍的方法」

「大膽預測：5 年後的行銷形態」

INNOVA 的官方營運部落格

以關於內容行銷的美國最新動向、有效率的方式、運用Know-How、成功的祕訣等為主題，此部落格在架設半年內約發佈了130篇文章。

在最初開始半年內發佈了約130則文章。讀者慢慢地增加，也獲得了從Facebook而來的按讚數及留言。每次更新都按時收看的讀者也增加了。然後，在半年後的每月單一帳號訪問人數達到大約2萬人，社交媒體的追蹤人數也增至2萬人。雖然不是非常大的數字，但因為聚集了許多目標讀者，從索取資料的步驟起，一直順利進展到實際下訂單的案例很多，營運很安定。

INNOVA的收入來源，是提供企業內容行銷的Know-How，並銷售關於製作與運用內容行銷的支援軟體。內容行銷的Know-How是本公司的生命線。但是，我決定將內容行銷的Know-How免費地發送給讀者。

內容行銷不是直接將產品或服務推銷給客戶，而應該把重點擺在「指導」上頭。雖然乍看之下好像是損失，但免費將有益的資訊提供給客戶，長遠來看是能提升品牌的競爭力，間接使營業額更上層樓的。公開自家公司的Know-How及優勢，也能讓我們以該領域的專家之姿，獲得更佳的評價。這麼一來，顧客應該就會自然靠攏過來的。我一直這麼深信。

要使內容行銷成功，持續地提供高附加價值的內容是重要關鍵。但是，這個「持續」會成為負擔，且因為要聚集讀者及追蹤者至一定規模是相當耗費時間的，所以在中途感到挫折的情況也屢見不鮮。我當初也對此非常苦惱。

但是，在部落格土法鍊鋼地維持運作之下，對我的作法有所共鳴的幾位熱心讀者，開始一起參與製作內容的行動。由我來提供發表內容的平台，由讀者們自發地製作內容、並加以散播出去。雖然公司員工只有我一個，但能以團隊來書寫部落格的體制臻於完成。

2012年秋天的某個事件，成了一大轉捩點。『日經BUSINESS』雜誌的記者表達要來採訪的請求。因為對方看了我的部落格，對這樣的工作方式感到興趣。於是，『日經BUSINESS』2013年1月7日出刊的特輯「工作超越組織～公司員工的結局」首頁，刊載了放上我個人照片的文章。雖然員工只有我一位，但向善用群眾協力（Crowdsourcing）的美國人及印度地區專業人士發出委託、透過網路共享工作技能的新型態工作方式成了

接受財經雜誌的採訪

因閱讀部落格後對本公司感到有興趣的『日經BUSINESS』記者，於『日經BUSINESS』2013年1月7日出刊的特輯「工作超越組織～公司員工的結局」，刊載了放上我個人照片的文章。

話題。

這篇報導獲得廣大的迴響，從部落格讀者到內容行銷顧問委託都紛至沓來。如果是我自己去向『日經BUSINESS』老王賣瓜的話，相信他們也不會幫我寫篇報導吧！或者在同一本雜誌上刊登廣告的話，就要價近300萬日圓的成本。不去推銷商品、持續地發佈對讀者有助益的資訊的話，就會有像這樣有意想不到、非常划算的成效。

▲2011年6月，利用信用卡貸款調度資金，自己一人創業。內容行銷事業順利成長，在3年後成為擁有70人（含約聘員工、業務外包員工）規模的公司。

◀內容行銷在招募人才方面也能發揮強大的威力。（照片左：曾就讀海外三所大學、轉職進入本公司的龜山。右：東京大學畢業的新進員工豐倉。）

在社交媒體上廣為散佈
內容帶來了人脈、信用及收益

內容行銷開始受到矚目，是從社交媒體開始大幅普及、內容的散佈變得更加容易開始。我對於社交媒體帶來的驚人口碑效果曾有親身體驗。當時我在部落格中撰寫「向史丹佛的心理學教授學習如何讚美孩子」一文，發表後便以銳不可當之勢散播開來。在短短一週內的Facebook按讚數突破了1萬次。截至目前為止，已有超過6萬人閱讀此篇文章。雖然不是每次都會有這種盛況，但因為從Facebook或Twitter上看到而前來點閱部落格的人，經常佔全體的過半數。所以，無論是部落格或影片，如果內容有更新時，都建議務必在社交媒體上分享才是。

另外再介紹內容行銷的另一威力。有一位透過口耳相傳而知道INNOVA、讀過我的部落格覺得深感認同的東京大學四年級學生，主動告知希望畢業後能來我這裡工作。面試結果，我覺得是能夠一起共事的人才，所以決定錄用。這是本公司第一位錄用的應屆畢業生。

2014年4月，他有所成長後另謀他就。在人力銀行上即使想招募人才，如果是個默默無聞的小企業，是難以把東大學生找進來的。而INNOVA裡有許多員工，是在其他各管道與我相遇，雖然並未實際見過面，但透過社交媒體、部落格等契機，進而在網路上交換資訊等，最終轉職前來一起工作。像這樣的情況，不花費求人成本就能聚集優秀的人才，可看出內容行銷在招募方面也能發揮強大的威力。

我希望能將內容行銷推廣至全日本，因為這個作法能為中小企業及微型創業注入自我激發（Empowerment）的強心針。所謂的Empowerment，是「賦予權力」之意，也是我之前任職的樂天企業所抱持的觀點。一直以來，談生意總是以資本力來決勝負，經營的3要素「人、物、錢」中，最重要的就是錢，只要有錢的話，就能雇用優秀的人才、也能進行研究開發；投入廣告宣傳費，就能把商品銷售給千萬大眾。這導致一個結果，就是商機通常只對大型企業才有利。

　　但時代改變了。只要持續發佈對消費大眾及目標顧客實用的內容資訊，日積月累

下，即使是資本不大的小公司，也可以獲得可觀的成果。這就是所謂的內容行銷。

內容建立了人脈、人脈又建立於信用之上，而信用也帶來了收益。

　　這是作家、演講者安德魯・戴維斯（Andrew Davis）所說的一段話。對於擁有優秀技術及產品而沒有資金的中小企業／微型創業，或是為設定行銷預算而苦思的大企業新事業項目／新商品開發部門的人們來說，請相信這句格言，務必向內容行銷放手一搏。

"Content builds relationships. Relationships are built on trust. Trust drives revenue."

CASE STUDY

Are They Really
Successful ?

範
例
篇

不去推銷商品
真的會成功嗎？

前面已介紹了對於大企業有利的業務推動模式。
只要有錢，不管是研究開發或廣告促銷，肯花就能做。
本章要介紹的是跳脫這個窠臼、
成功拓展商機的公司範例。

自有媒體帶來的效果

Case Studies Part 1

那麼，現在開始就向各位介紹關於導入內容行銷的日本企業先鋒們的案例。這些案例橫跨了微型創業、大企業、B2C、B2B等，跟你的公司最接近的是哪一個企業的例子呢？希望讀者們要記住的是，在實踐內容行銷、想辦法得到成效之際，研究其他公司的事例是最有幫助的。「他們是如何製作內容的？」「他們是如何從內容開始誘導顧客買下商品？」「他們的營運體制是怎樣的？」「如果是我們公司的話會怎麼樣？」請一邊思考這些問題一邊閱讀。實際去點閱本章所介紹之公司的網站、閱讀他們的部落格、訂閱他們的電子報等，從各個角度來進行研究吧！

自有媒體顛覆業界的常識
原本銷路不佳的眼鏡網購擴大經營

顛覆了所謂「網路上眼鏡不好賣」的常規，持續急速成長的Oh My Glasses。
該公司成功的祕訣，是採取將集客用媒體與購物網站一體化、
稱為「媒體商務」之嶄新銷售方式。

PROFILE

公 司 名	**Oh My Glasses**	
設　　立	2011年7月	
負 責 人	清川忠康	
網　　站	www.ohmyglasses.jp	
營 業 內 容	通過網路銷售眼鏡及各種資訊提供	

Oh My Glasses是在網路上從事眼鏡、太陽眼鏡銷售的微型企業。以包括自有品牌在內，約有400種品牌及2萬種以上的商品可供選擇為傲。亦致力於振興地方發展，結合日本福井縣鯖江市的眼鏡產業業者，提供近80款鯖江自有品牌。可以在家裡免費試戴喜歡的眼鏡、在全國的眼鏡店內也享有售後服務是其特色。

WHY
對於消費者毫不關心的心態
感到危機，一股傻勁放膽挑戰

　　Oh My Glasses是一家抱持著「將代表鯖江市的日本眼鏡文化推廣到全世界」的信念，於2011年7月創立的微型企業。該公司是開拓眼鏡線上購物（EC）這個新市場的先鋒者。

　　要開拓新市場總是伴隨著艱難考驗。該公司創立當時，幾乎沒人會在網路商店尋找眼鏡。當然也沒有人在賣。因為在實體店面測量視力、實際試戴後再購買已經是理所當然的流程。而立志改變這個常識而創立的Oh My Glasses，立即著手進行的就是提供眼鏡及太陽眼鏡相關話題的「OMG Press」情報部落格。

　　在「內容行銷」的概念尚未廣為人知以前，為什麼就知道要著手進行情報網站的經營呢？Oh My Glasses的COO（最高執行負責人）、也是「OMG Press」架設者的六人部生馬（Mutobe Ikuma）先生為我們述說關於「OMG Press」的創刊緣由。

　　「從消費者的搜尋行為可以發現很有趣的事實。」六人部先生表示。眼鏡的更替循

環相當長，差不多是2年半至3年。而且，大多數的消費者，都不記得當初購入店家的名字。幾乎都只記得「車站前的眼鏡行」這樣的印象。

若進一步問道使用的眼鏡是什麼牌子？大多數人的反應是：「嗯⋯咦？是什麼牌子來著⋯」然後邊脫下眼鏡查看。這樣對店家名、品牌名都毫無意識的消費者心態，讓人開始有種危機感。

眼鏡的品牌多如繁星，像是主打設計師匠心獨運的裝飾、或是標榜職人技術的精巧打造，難以計數。也有很多商品有其獨特的品牌故事。

但可惜的是，像這樣引人入勝的故事或特殊堅持，在國內卻很少被提及。其實，放眼海外可以發現民情大不同。有許多專門製造眼鏡的知名品牌，受到廣大粉絲的愛戴擁護。

在國外被當作時尚單品而有特殊價值的眼鏡，為何在日本僅被漠視為矯正視力的工具呢？六人部先生對這個問題進行了分析。他的結論是：日本完全沒有關於眼鏡的資訊傳遞。如果有以眼鏡為主題的雜誌的話，是不是就能讓眼鏡的銷售情況更佳呢？如果市面上的時尚雜誌不介紹眼鏡的博大精深之處，那我們自己來成立一個媒體平台來發佈資訊好了！這就是最初的想法。

六人部先生在網路上創辦了「以眼鏡為主題的生活風格誌」，除了介紹內行人才知道的日本職人優秀作品、也一一介紹深富設計感的國外品牌眼鏡、品牌中的世界觀、職人的講究與堅持等。

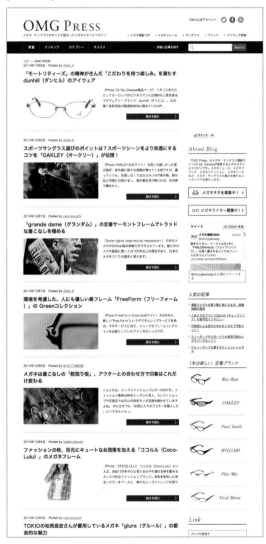

Oh My Glasses的部落格「OMG Press」。營造出生活風格誌的氣圍，文章主題多半為介紹名牌精品、影劇明星及藝人等平易近人的內容，可以在感受不到商業氣息下愉快地閱讀。

以媒體集客、再誘導至購物網站的「媒體商務」架構

Oh My Glasses採取購物網站與情報網站「OMG Press」雙管齊下的經營方式，OMG Press將對眼鏡有興趣的讀者引導至購物網站。這與便利商店的配置有異曲同工之妙。便利商店通常在入口處附近擺放雜誌陳列架，促進前來翻閱的顧客「順便」買個便當、甜點或飲料的機會。Oh My Glasses就是將這種「順便」的策略實踐在網路上。

情報網站與購物網站結合為一體的架構，在國外稱為「媒體商務」，許多的微型企業都正積極參與。因為極有可能成為今後

線上購物的主流方式，所以備受矚目。

Oh My Glasses火速將媒體商務引進日本發展，逐漸看到了成效。今後，想要經營購物網站的企業，應該要徹底地研究這個手法才是。

Oh My Glasses為了推動媒體商務，首先著手調查資訊系統的相關動向。結果，現有的系統做不出自己想要的情報網站。目前的電子系統雖然具備製作商品頁面及結帳的機能，卻無法兼具編輯及發佈文章—也就是無法與所謂的「內容管理系統（CMS）」相容。因此，該公司另行準備了CMS，決定自己來架設情報網站。

當初只是陽春的設計，然後逐步進行更新。放上通往購物網站的連結、在文章的周邊配置推薦商品的資訊等，以讓讀者能在購

\ Flow Diagram / **How to Content Marketing**

以媒體集客、再誘導至購物網站的
「媒體商務」

OMG Press（媒體）

↓

Oh My Glasses（購物網站）

Oh My Glasses
經營媒體商務的5大重點

1 明確設定媒體的中心思想

2 進行徹底的調查

3 甚至也不避諱寫到競爭對手的事

4 低成本的營運祕訣

5 從點閱分析進行PDCA（將顧客誘導至購物網站）

\Pick UP/ **WEB SITE**

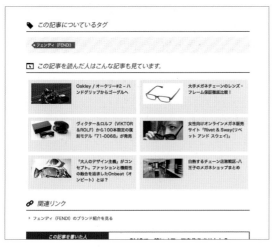

放上相關文章及關鍵字的連結，促使訪客逛遍網站。也特別注意瀏覽動線，使訪客易於通往自家販售品牌的購物網站。

OMG Press將「口碑超人氣」、「眼鏡產地名稱」、「知性的」、「藝人」等各種尋找眼鏡的動機語言化，做好文章的目錄分類。徹底地從使用者觀點出發，用關鍵字緊緊抓住對眼鏡有興趣的使用者。

物網站上來回瀏覽為目標，改善情報網站。

　　為了讓前來閱讀文章的使用者能自然而然地發現購物網站的存在，進而購入商品，網站各個細節的設計上下了很多工夫。而這都要歸功於在情報網站上刊載文章的企劃方式。我想這可以提供今後想從事媒體商務的企業做參考，故將重點介紹如下。

1. 明確設定媒體的中心思想

　　所謂媒體的中心思想是指：「決定要提供給讀者怎樣的價值？」、「與其他競合媒體之間要做出怎樣的差異？」必須將此明確介

定。六人部先生為OMG Press設定的中心思想是：「將目前現有的雜誌中從未介紹過、關於眼鏡師傅的想法及堅持介紹給讀者，打造一個首屈一指的眼鏡媒體平台」。

2. 進行徹底的調查

　　OMG Press在編輯文章時都會進行徹底的調查。具體來說，是利用GOOGLE的Keyword Planner（關鍵字規劃工具），調查讀者都是使用什麼關鍵字來搜尋而找到情報網站。然後，再企劃能為讀者解答疑問的文章內容。

\Flow Diagram /「OMG Press」的編輯體制與效果

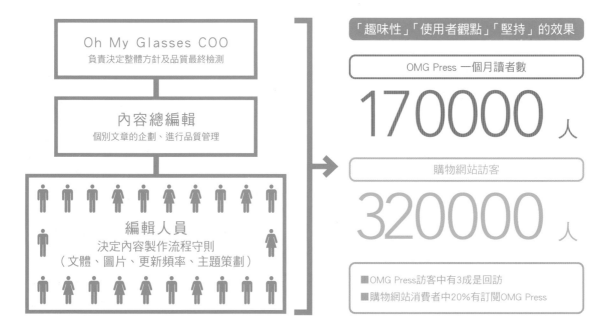

3. 甚至也不避諱寫到競爭對手的事

　　OMG Press的一個特色是，關於競爭對手的事情也會寫入文章中。假設，有很多使用者以某個競爭對手品牌為關鍵字來搜尋的話， OMG Press也會撰寫關於該品牌的新商品或服務的介紹文章。不去批判競爭對手，以完全中立的態度，務求文章內容對讀者有幫助。結果，在網上搜尋該對手品牌的名稱時， OMG Press出現在第二順位的位置。

4. 低成本的營運祕訣

　　OMG Press為了兼顧壓低情報網站的營運成本及提供高水準的情報資訊，積極活用外部的自由撰稿人為其執筆。這些自由撰稿者都是公司外部人士，也包括素人作家。因此，文章的品質有良莠不齊的現象。對此，OMG Press的對策是進行文章的樣版化及規畫一套撰寫文章的流程守則。

　　OMG Press在文章的字數、段落架構、文

體、圖片的使用方法等都訂下詳細的規則。另外，在撰寫文章時，為了使文章訴求對象、主題更明確易懂，必須事先決定全體的概要與輪廓。

此外，文章的品質是否有達到OMG Press的標準，由總編輯審閱後，對於品質不佳的文章下達重寫的指示。透過將文章執筆徹底定型化的工程，使採用無經驗的外部素人作家、卻能推出優質文章一事變得可能。

5. 從點閱分析進行「將顧客誘導至購物網站」（PDCA）

經營情報網站的半年間，執行增加文章、提升文章水準等行動的結果，OMG Press已整備好固定發佈文章的體制了。「讀了這篇文章的人也讀了以下文章…」這樣的建議功能、以及文章的分類也十分完備。接著，也開始著手進行促使讀者能往購物網站前進的準備工作。這是一個「如何將這些讀過文章後正感到興致高昂的消費者，在購物網站一舉擄獲呢？」的挑戰。

由OMG Press到購物網站的遷移率，為其設定KPI（重要業績評價指標），構築出使個別文章更容易連結至購物網站的架構。

具體作法是，在個別文章下方介紹人氣商品、或在文章裡介紹相關商品。尤其是點閱人數高的文章，設置引導至購物網站的專用廣告banner等，做些個別的調整。如此一來，原本2%至3%左右連結至購物網站的遷移率，上升至10%。其中，甚至還有個別文章的遷移率高達20%的例子。

RESULT
情報網站讀者一個月達17萬人次
實際購物者有2成來自讀者

「情報網站的經營，換算成廣告費的話，投資報酬率十分划算。」Oh My Glasses的六人部先生說。創刊以來網站的點閱數穩定上升，情報網站的點閱數（個別訪客數）達到一個月17萬人次。購物網站的個別訪客數則在一個月32萬人左右，也就是情報網站的人數達其半數以上。實際上，購物網站的消費者中有20%是OMG Press的讀者，OMG Press在獲得新讀者的同時，也代表間接獲得能引導至購物網站的顧客，可說是理想的成功案例。

在這個案例中相當有趣的是，將時尚雜誌所忽略的「眼鏡」這塊，由自己來設計、發佈資訊、並使其達到成功。

許多業者一直以來都將商品的流通委由大盤商或零售商處理，抱持「有做就能賣」的理念製作產品，零售商也以「陳列商品就能賣」的理念，只專注在進貨的工作。但是，像眼鏡這樣的東西，結果很容易造成削價競爭的惡性循環，也無法創造出新的需求，如此的例子多不勝數，不是嗎？

今後人們對於購物網站的要求，是要能傳達商品的魅力、營造出一種生活風格的媒體機能。在生活型態多樣化的現代，像雜誌等現有的平面媒體已經無法滿足消費者的情報需求。因此，小眾領域的媒體經營及與購物網站的一體化蘊藏著廣大的商機。

沒有業務專員的無名小企業
卻有辦法開拓新客戶的理由

用心構築海外購物網站服務的Digital Studio，
並沒有專職的業務組織編制，僅靠線上販售開發全日本的新客源。
在此介紹其徹底活用各種部落格、電子雜誌、線上研討會的行銷手法。

PROFILE

公 司 名	**Digital Studio**
設 立	2003年8月
負 責 人	板橋憲生
網 站	www.live-commerce.com
營 業 內 容	ASP事業/海外銷售事業/網站分析/網路廣告事業

Digital Studio提供對應多國語言、貨幣的海外購物網站服務。該公司透過ASP（Application Service Provider，應用服務供應商；提供軟體需求期間租賃服務）機制提供服務。即使是對IT系統技術不太瞭解的中小企業也能輕鬆導入，經營購物網站。在國內市場緊縮，計畫開發海外市場的企業漸增的情況下，該公司的系統人氣不斷攀升。

WHY
跳脫原本的網站受託開發業務
轉而提供海外購物平台

　　Digital Studio在2003年由社長板橋憲生所創立，創立後數年間專攻網路銷售（電子商務）的領域，從事網站的受託開發。但是，這種勞動密集的受託開發業務很難擴大經營，故板橋先生決定，將透過網路構築購物平台的服務當作自家公司的商品，進行開發。2008年便開始了「Live Commerce」的服務。

　　Live Commerce最大的特徵為架設針對海外顧客的網路購物網站，能對應多國語言及貨幣。是一種提供架設網購服務之用的平台、以期間計費方式租賃給顧客，稱為ASP（Application Service Provider）的服務方式。ASP將軟體功能透過網路提供給顧客。由於主要功能是由Digital Studio這邊的伺服器來負責，對於不懂系統開發的公司而言，能以比較簡單便宜的方式架設購物網站。

　　Live Commerce的主要目標顧客，是想要開發海外市場的中小企業。在少子化、高齡化社會中，難以期待國內市場會有顯著成長，開拓成長率高的海外市場已是必然趨

勢。過去提到開發海外市場，通常會聯想到大型或集團企業，但從現在開始，即使是中小企業也能理所當然邁向國際的時代已經來臨。板橋社長對市場環境做了如此預測。

但是，在自信滿滿中開始的Live Commerce服務，並非一推出就很順利。最大的原因，是它的知名度太低了。雖然它具備了網購架設平台且對應多國語言及貨幣機能，是市場少見的特色，但即使有這樣創新的功能，要如何讓中小企業主能知道它的存在，是一大課題。試過以現有的網路廣告刊登方式介紹該服務，但廣告的迴響不佳，不但沒有招攬到客戶，還使成本變高了，這下子陷入了兩難。

於是深諳英文的板橋先生，尋找著關於海外的行銷手法。而最終讓他找到的，就是內容行銷。會得到內容行銷這個靈感是有原因的。板橋先生自己有在寫部落格，在書寫的過程中，他深感「發表能提供目標顧客實用內容的文章」確實能有效聚集顧客。為了具體實現「讓中小企業經營者發現本公司」的戰略，他下定決心引進了內容行銷。

WHY
部落格、電子報、線上研討會
利用這3項法寶培養顧客

Digital Studio設計階段性的流程，先以內容將目標顧客聚集起來，加以培育，然後獲得顧客來洽詢的機會。具體作法大致將「官方部落格」、「電子報」、「線上研討會」這3種媒體定位為內容行銷的主軸。

Live Commerce的官方網站。這項服務結合了PayPal結帳、EMS運費計算、多語言購物車、翻譯系統等，打造ALL-IN-ONE的網購空間。並發佈電子商務最新情報、最新功能的介紹等種種關於經營購物網站的實用文章及行銷戰略，獲得來自線上購物業界相關人士的高度評價。

Digital Studio的部落格「Live Commerce blog」是架設在提供Live Commerce服務的網站上。刊載著關於「電子商務最新趨勢」及「經營購物網站的Know-How」等專業主題，並有深入淺出的解說。而對於想更進一步獲得專業建議及技術資訊的目標顧客（部落格讀者），則推薦他們訂閱公司的付費電子報，從中再介紹關於Live Commerce的服務及試用。

那麼，我們來看看身為集客入口的部落格文章內容吧！「海外暢銷的日本商品是什麼？」「手機購物的趨勢會如何發展？」「多國語言網頁集中點閱率的祕訣？」等標題，吸引著對經營海外購物網站有興趣的人

們閱讀。這些部落格文章，也發表在Digital Studio的Facebook及Twitter上。這麼一來，有興趣的人會在Facebook上按讚、在Twitter上轉貼，流傳擴散到對海外電子商務深感興趣的人們手上。

競爭對手的相關消息，也積極地加以報導。例如「從"STORES.jp"與"BASE"的機能性服務來解讀今後的購物網營運法」等。這是為了能更全面性的招攬、吸引對架設海外購物網站有興趣的目標顧客所下的工夫。

像這樣以文章將目標顧客聚集至部落格後，再進一步加以培育的工具就是電子報。說起電子報，可能會給人一種過時的印象，但板橋先生認為「電子報正是內容行銷的重

\Flow Diagram / 『Live Commerce』的廣告方式：PUSH 型及內容行銷的效果比較

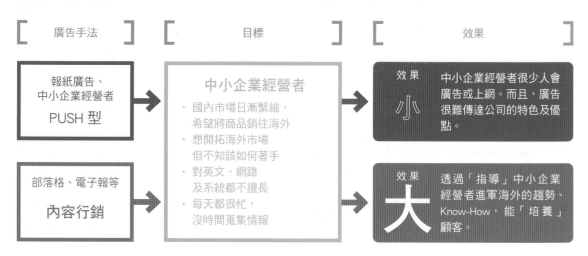

\Pick UP/ **WEB SITE**

[部落格]　　　[電子報]　　　[海外購物網站成功案例]

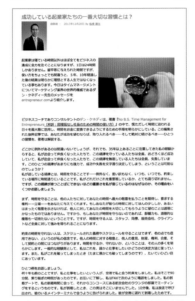

Live Commerce的部落格。將熱門文章再度發表於Facebook或電子報，充分活用優質的內容，獲得更高的收視率，對點率閱的增加也有幫助。

Digital Studio將電子報視為培育目標顧客的重要工具，十分用心編輯。提供比部落格更詳細深入的資訊，定期發送給訂閱者。

專門介紹海外購物網站成功案例的頁面，並放上Live Commerce伺服器的即時銷售數據，臨場感十足。

心所在」。他的理由是，這樣可以跟目標顧客建立緊密的交流管道。

「電子報能提供"與顧客一對一的交流"，這是部落格所做不到的！」板橋先生如是說。在電子報中，能披露社長對海外網購充滿熱忱的意見及部落格上不便明講的內幕消息等。如此具個性化的發言交流，間接能將目標顧客轉變為真正的顧客。

「部落格所揭載的內容，充其量只不過是個入口而已。」板橋先生說。因為部落格的文章具有容易被網路引擎搜尋到、在社交媒體上容易散播的特性，所以是最適合「聚集顧客」的手段。但是，若要培育這些聚集起來的目標顧客，只靠部落格是不夠的。利

用電子報，就能將Digital Studio想要傳達的訊息在適當的時機、傳送到適當的顧客手上。也就是具有採取積極攻勢的能力。

Digital Studio在部落格文章的下方處，設有電子報登錄的介紹，以促使讀者能進一步登錄、接收電子報。平均一天有50件左右的新加入讀者（目標顧客）透過部落格而來。

最後，將由部落格及電子報所集合起來的目標顧客，引導至提出洽詢的終極手段，就是線上研討會了（Web Seminar）。這是一種能透過網站參加的研討會議，Digital Studio約以一週一次的頻率舉行。會議主題以海外購物的趨勢、吸引海外顧客的方法、海外購物網站的營運手法等，偏向實務上的內容。在研討會的後半，也會介紹關於Live Commerce的功能及應用案例等等。

像這樣，Digital Studio實踐著幾乎僅以網路方式來將目標顧客變為真正顧客的行銷手法。最初以板橋社長為主的營運方式，也逐漸進入分工合作的階段，現在，部落格與電子報的執筆、回應顧客的詢問等工作，公司內部皆有適當的分配，建構出一套各司其職的體制。

像Live Commerce這樣B2B的服務，一般而言，要等到顧客真正決定買單的過程其實相當漫長。按一直以來的做法，通常是業務專員定期向顧客聯絡，不斷提供對方所需的資訊。但Digital Studio徹底活用部落格、電子報、線上研討會等工具來進行內容行銷，僅憑網路政策就成功使顧客上門，可以說是內容行銷的典範吧！

RESULT
半數的新顧客由內容吸引而來
跳脫對廣告的依賴

雖然身為一家系統開發公司，Digital Studio卻沒有專任的業務負責人。若是技術型產業的話，雖然能開發出優秀的商品，但因為行銷能力較弱，對於如何提升銷售額感到煩惱的例子所在多有。相對於此，Digital Studio持續地透過網站獲得顧客主動申辦要求服務的商機，銷售額也不斷向上攀升。

執行內容行銷的結果，使Live Commerce的購物網站點閱數較執行前大幅增加了2.5倍。在持續推動內容行銷的一年之間，隨著文章不間斷的增加，點閱數也十分穩定地上揚中。

同樣地，Live Commerce的申辦件數也增加至1.5倍。目前，新客戶有半數是因內容行銷而來的。在執行內容行銷前，網站的點閱數多半是靠谷歌的搜尋連動型廣告，不過，現在由社交媒體而來的點閱率正在增加之中。

「內容行銷與社交媒體可說是相輔相成。」板橋先生表示。「有趣、實用的文章會在社交媒體上被分享，然後間接提升點閱率」。對廣告依賴程度的降低，對「顧客獲得單位成本」（CPA）有顯著的改善。也可說是掙脫了廣告依賴的慣性模式。

Digital Studio將「部落格」、「電子報」、「線上研討會」、「產品免費試用」以階段性的方式提供相關內容，建構了從聚集顧

\Flow Diagram / **階段性地建立與顧客之間的關係，將內容行銷的效果最大化**

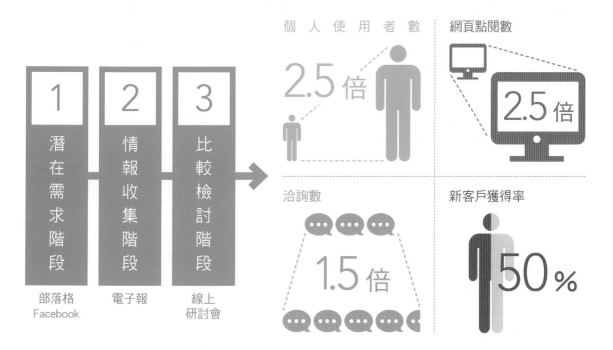

個人使用者數
2.5 倍

網頁點閱數
2.5 倍

洽詢數
1.5 倍

新客戶獲得率
50%

1 潛在需求階段
部落格
Facebook

2 情報收集階段
電子報

3 比較檢討階段
線上研討會

客到培育顧客、直到實際申辦服務的流程，這樣按部就班地培養顧客的方式是值得注意的焦點。

板橋先生在實踐內容行銷後最感驚訝的，和許多位於遠地的地方企業成功簽約一事。對方多半是透過搜尋引擎、或社交媒體找到了Live Commerce的部落格，再經由電子報及線上研討會的體驗，開始想嘗試向海外購物經營挑戰，而決定申辦服務。

的確，這都是來自板橋社長親身實踐了內容行銷，發送海外購物網站的相關情報，扮演啟蒙、教育日本中小企業的角色，成為透過電子商務跨足海外市場的推手。

Digital Studio今後的發展，值得產業拭目以待。

昂貴的基因分析裝置該如何銷售？
以線上研討會提升品牌競爭力

動輒數千萬日圓以上的基因分析裝置，有企業靠著活用內容行銷來銷售它。
美商Illumina的日本分公司，延攬許多著名的學者頻繁地舉辦線上研討會。
這樣的做法有效提升了自家產品在業界的品牌競爭力。

PROFILE

公 司 名	**Illumina 日本分公司**	
設 立	2003年1月	
負 責 人	土居 真樹	
網 站	www.illuminakk.co.jp	
營 業 內 容	理工化學研究用機器的銷售及進出口/工學產品及試驗藥物的製造、銷售、受託研究	

Illumina是擁有世界頂尖基因分析技術的業者。除了其基因序列分析裝置產品「次世代基因體定序」全世界市佔率第一以外，也提供DNA及RNA分析等基因分析所需之各種裝置、消耗品的支援服務。受到全球各個學術機關、政府機關、製藥公司、生技產業及食品相關企業等廣大研究者的愛用。

WHY
為了展現昂貴商品的魅力
改革網站勢在必行

　　Illumina這個名字也許乍聽之下感覺陌生，但該公司是一總部位於美國、以名為「次世代基因體定序」的特殊專門裝置稱霸全球市佔率的企業。日本分公司創立於2003年，做為美國總公司的100%子公司開始營運，不過當時主要以實質的營業行為為主，還沒有具體的網路政策。

　　「在我剛進公司的2012年，剛好是準備將焦點從商品介紹轉移到應用介紹、網站要重新改版的時期。在那之前，網站的設計很制式，也比較沒什麼內容。」擔任行銷公關經理的川北直子小姐，回憶起當時的情形。因為沒有專任的數位行銷負責人，主要以翻譯美國官網的內容為主，拼命刊載關於產品及公司的介紹。雖然在基因分析領域擁有世界第一市佔率的優勢，在日本這裡卻無法善加利用。「我想，網站一直照這樣的狀態營運下去的話，就算有宣傳活動也得不到效果。」川北小姐說。就算靠宣傳把人拉到網站上來，無法傳達出產品的魅力也是枉然。由於這樣的想法，她決定首先從充實網站內

容來著手。

Illumina開始想好好經營網站內容還有另一個原因。該公司所製造的產品是具高度技術性的基因分析裝置，價格也十分昂貴。因此，顧客在決定購買前需要一段相當充分的考慮期間。

而昂貴的產品或服務購入前的所需營業循環週期較長也是B2B交易的典型特徵。要推動高價格的B2B商品，在過去理應都由業務專員頻繁地提供顧客相關資訊、並大力強調自家產品的優越性。但近來顧客逐漸懂得利用網路蒐集情報，所以提供資訊的網站就成了不容忽視的重要角色。

尤其Illumina的目標客層是基因研究的專家，原本就擅長於利用網路取得最新研究成果。如此一來更提升了網站提供資訊的必要性。

因此，川北小姐利用網站改版的機會，慢慢地改變網站方向，往發送資訊的形態邁進。「其實當時並沒有強烈意識到這是內容行銷。」川北小姐說道：「包含廣告等所有對外的交流活動，我們都希望能與網站做結合，以此為主軸來強化網站內容，無心插柳的結果便成了內容行銷。」

HOW
邀請著名的學者專家
舉辦線上研討會

趁著強化網站內容之際，川北小姐也先明確掌握顧客的定位，從分析「怎樣的資訊才是顧客需要的？」開始著手。

Illumina基因分析裝置的主要目標客層，是癌症、遺傳性疾病、微生物等領域進行研究分析的學者專家。

\ Pick UP / **WEB SITE**

Illumina日本分公司的網站。內容包含線上研討會等、提供目標顧客－研究人員實用的豐富資訊。

他們通常在大學研究社或企業的研究組織中工作，每天從事研究活動。為了精進自身的研究項目，會閱讀英文最新論文、參考學會最新的研究成果報告等。也就是說，他們有隨時把握基因分析最尖端研究的需求。

川北小姐在瞭解了顧客需求後，也探討應該以什麼方式提供資訊、要如何將基因領域的最新研究內容即時地介紹給顧客們。她也注意到了美國總公司的行銷團隊活用線上研討會的模式，在日本舉辦了幾回，也獲得了良好的績效。雖然線上研討會在日本還不是常態，但在國外是非常熱門的手法。在研討會中並非將產品推銷給顧客，而是透過使用該產品的顧客案例，介紹給與會者們，在說明產品使用方法的同時，也能有效傳達出產品的優點。

「線上研討會邀請了在基因分析領域進行尖端研究的學者們進行演講，到目前為止已招聘多位國立大學、研究所、私立大學醫學部等相關領域的生命科學及基因專家共同進行研討會，例如在『根據基因序列進行血癌分子剖析』這個主題中，由血癌專家學者操作Illumina的主力產品「次世代基因體定序」來發表其研究成果。

以研究學者們的角度來看，由於也是發表自身研究內容的一個機會，所以有不少人對於演講的邀請以較積極的態度接受。結果，Illumina日本分公司以每月一次的頻率舉辦線上研討會，至今已舉辦30次左右。

線上研討會以名為「WebEx」的會議用

\Flow Diagram / **數千萬日圓的基因分析裝置銷售由網站來做後盾！**

	引進內容行銷之前	引進內容行銷之後
銷售狀況	✕	◎
網站	以翻譯美國官網的產品訊息及公司情報為主	以產品為焦點轉變為以應用用途為焦點，並發送論文、活用案例等研究人員所需要的內容
業務活動	因產品昂貴所以洽談的營業循環週期長，由業務員一一個別應對客戶	除了平常的業務活動之外，利用網站內容更有效率的介紹顧客活用事例。從網站而來的洽談者也增加了。

\ Pick UP / **WEB SITE**

線上研討會的優點

1　即使自家公司沒有製作內容
　　也能舉辦活動

2　能與要求高度專業性的顧客建立關係

3　活動的影片及相關資料能持續累積保存

4　能節省後續支援的資源成本

5　製作目標顧客的通訊名單，
　　成為未來購入產品的潛在客戶

由東京大學及京都大學的學者在線上研討會進行研究內容解說。只要事先預約，就能透過網站瀏覽器參加研討會，也能參與Q&A。過去舉辦的研討會內容也能隨時點閱觀看。

程式工具來舉行，該程式可利用網路瀏覽器參與，由於能一邊收聽演講一邊提問，雙向的溝通很能提升參與者的滿足感。川北小姐將線上研討會的五大優點列舉如下：

1. 傳達顧客的經驗及成果，會成為非常有吸引力的內容

　　內容行銷最不容易的部分就是內容的製作。 Illumina透過邀請研究人員以線上研討會的方式分享其經驗與成果，不但能號召正考慮想要購買的潛在顧客，也能持續地提供有吸引力的內容給現有顧客。

2. 與要求高度專業性的顧客建立關係

　　由於其產品特性，如果提供的資訊不夠專業的話將無法取信於顧客。以邀請業界專門研究人員演講的方式，能建立與顧客對等的關係，間接提升購買產品的可能性。

3. 活動的影片及相關資料能持續累積保存

　　線上研討會的所有內容紀錄都會保存在

\ Pick UP / WEB SITE

也許是執行內容行銷奏效，從網站而來的洽詢件數在持續增加中。該公司對於學會及研討會的相關資訊網頁也細心製作，希望能提升參加學會及研討會的人數水準。

Illumina網站，使用過的投影片也開放下載。對研究人員來說，這裡是收集成功案例情報的寶庫，有這些資訊就會想再度前來網站。而且，包含解說產品使用方式的成功案例也是直接對產品的促銷有所幫助。

4. 能節省後續支援的資源成本

　　具高度專業性的產品，其售後服務也較複雜且多樣化。因此，將經常發生的詢問內容以線上研討會形式來支援解說，能夠有效

減少售後服務的負擔。且這些解決問題的內容也能在網站上持續累積，也兼具支援顧客的功能。

5. 製作目標顧客的通訊名單，成為未來購入產品的潛在客戶

　　最後一個優點，是能獲得潛在顧客名單。而且為了更進一步刺激購買的慾望，Illumina還有定期提供論文集的服務。在全球利用「次世代基因體定序」獲得數據的論文中，有九成都是使用Illumina的系統。將這些論文的要旨整理後譯為日文提供給讀者，成功地展現了自家產品的優越性。

RESULT
靠內容聚集顧客
強化公司的品牌競爭力

　　Illumina透過內容行銷有效地接近潛在顧客，成功鞏固了自身的品牌競爭力。首先可以明顯看出網站的點閱流量增加了。因為充實的內容，使每個月的點閱數順利的推升，在過去兩年之中增為兩倍。

　　接著，再透過線上研討會參加者及下載論文集所收集到的電子郵件名單，定期發送關於學會或發表會的現場活動邀請就更加方便了。活動的參加人數也在兩年內增為兩倍。現場活動是業務人員能直接接觸目標顧客的寶貴機會，也是提升交易成功率的一大功臣。

　　而關於附加價值方面，建立起與專家們

的交流網，也是一大助益。llumina的顧客群是使用基因分析裝置進行尖端研究的學者專家們。與著名的學者建立關係，能一起分享研究Know-How、獲得產品的意見回饋。像這樣發送高度專業性的情報、與著名學者們保持良好互動關係，也是Illumina提升品牌競爭力的一環。

川北小姐確切感受到內容行銷所帶來的顧客反應。「今後，希望能更擴大執行內容行銷。」預計實施的內容大致分為3項。

第一，是要向更廣大的顧客層發送資訊。由於近來的商品需求遍及製藥業及食品相關企業等各個領域，目標顧客的設定也希望能配合這個趨勢加以拓展。第二，增加更多種產品項目。

除了「次世代基因體定序」以外，也預計生產分析所需的試驗用藥及微陣列晶片等會影響長期銷售額的產品。第三，使用關於社交媒體的新工具。川北小姐表示，「目前剛開始利用Facebook發送資訊，希望更加有效地活用，使其在行銷面上擔任重要角色。

\Flow Diagram / 網羅研究人員所需要的情報，在網站上發佈提供

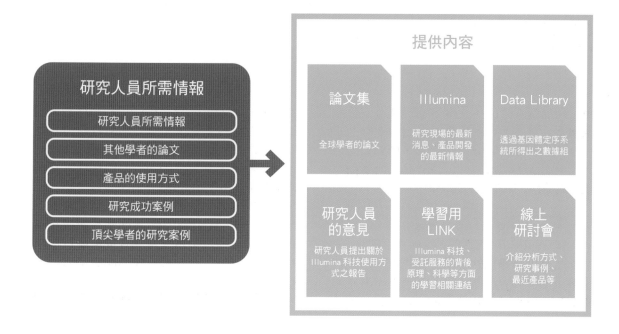

善用部落格的力量發掘潛在需求
索尼子公司決心向發佈專業資訊挑戰

即使有潛在需求，但在某些領域還不為人知。
SONY的軟體子公司為了發掘這樣的市場，決定借助部落格的力量。
短期間所獲得的成效，不但抓住了目標顧客也使公司內部精神有了創新變革。

PROFILE

公 司 名	**Sony Digital Network Applications**
設 立	2000年8月
負 責 人	中村 年範
網 站	www.sonydna.com
營 業 內 容	軟體的企畫、開發、商品化

Sony Digital Network Applications的前身是專門開發供索尼電腦「VAIO」使用軟體的組織，後來公司化成為獨立企業，從事關於安卓系統智慧型手機APP、網站應用程式的安全性檢查工具等提供企業用資訊安全解決方案的企劃與銷售。2014年4月，成立資訊安全專門部落格，開始內容行銷活動。

WHY
商品能解決可預見的需求
但是，該需求還不為人知

從事軟體開發的Sony Digital Network Applications（SDNA）為SONY 100%持股的子公司，於2013年開始提供Android APP（安卓系統APP軟體）安全性檢查工具「Secure Coding Checker」的開發、銷售及網頁應用程式的安全性診斷服務。上述皆是針對SONY產品進行軟體開發的過程中，以逐步累積的安全Know-How為基礎，所發展而來的。

但是，在銷售面卻吃足了苦頭。首先，在Secure Coding Checker的行銷方面，明顯遭遇一個重大問題。那就是，現時關於智慧型手機所面臨的威脅，整個社會還渾然不覺。

Secure Coding Checker是能夠檢查出安卓系統APP軟體是否有安全漏洞的獨特產品。這幾年智慧型手機日漸普及，多數企業以宣傳廣告、銷售內容為目的製作APP並廣為發佈。其中有很多其實安全性不堪一擊。由於安卓系統本身採取相當開放的架構，其實一開始就應該想好防範的方案。

\ Pick UP / **WEB SITE**

[「Secure Coding Checker」安卓系統APP軟體安全性檢查工具]

[網頁應用程式安全性診斷服務]

最糟的情況，甚至可能因為APP軟體的漏洞造成個人資訊被盜。若有外部不肖人士突破脆弱的防護網盜取用戶的貴重資訊，對於APP的製作、發佈及銷售企業來說是一大打擊。

在這樣的狀況下，彙整了SDNA的安全性Know-How所研發出來的安全性檢查工具，應該會是解決問題的關鍵手段，相關的洽談肯定會絡繹不絕才是。

但實際上市場環境卻並非如此。「問題在於使用者的需求並未浮上檯面。」SDNA的行銷推動企劃人-今村智彌表示。智慧型手機

的用戶本來就不太注意到這樣的問題，而日本這些委託製作安卓系統APP軟體的企業及開發者，也還沒有足夠的安全意識去考慮引進SDNA開發的安全性工具。

在市場需求尚不明朗的狀況下，若利用網路搜尋的搜尋引擎優化（SEO）增加曝光機會、或搜尋連動式（Listing）廣告等傳統的網路行銷手法，很難讓大眾明白商品的訴求。

\ Pick UP / **WEB SITE**

SDNA的部落格「你最想知道的軟體安全二三事」於2014年4月成立，以淺顯易懂的方式將網路安全相關基礎知識及趨勢彙總介紹。

導致叫好不叫座的情況，還有其他的原因。SDNA原本就不是擁有獨立營業機能的子公司，在銷售面上有需要克服的問題。只採用傳統的PUSH推銷手法，對於想擴大事業內容是相當困難的。在嘗試摸索更有效率的銷售方式時，最後找出的對策便是內容行銷。

SDNA認為，配合目標顧客的狀況提供資訊、持續累積內容的品牌行銷效果是值得期待的，於是決定實施內容行銷。以吸引顧客自行上門的方式，不是更能有效率地銷售商品嗎？

WHY

反其道而行
將「網路安全意識低的人」
設定為目標顧客

SDNA在向執行內容行銷頗有成效的外部支援企業請教之後，在導入的初期階段，決定架設關於網路安全的部落格。在架設之初，重心放在使用者的定位（讀者形象）及文章內容。

SDNA在設定收看對象時，決定為「不一定要是對網路安全意識很高的APP製作委託者及開發者」。因為設置該部落格的目的，是為了獲得可能會購入APP安全漏洞檢查工具的目標顧客。

該公司擁有許多研究網路安全的專家，若要發送給網路資訊業界人士看的專業內容，當然是不費吹灰之力的。但是，如果把部落格讀者設定為安全性專家的話，部落格的內容將會逐漸背離目標顧客群。該公司所想要吸引的顧客，是至今並不怎麼關心網路安全，但從現在開始想更深入瞭解的人們。為了讓這樣的人們開始關心安全性檢查工具，就必須針對網路安全議題從根本開始說明。

因此，部落格所發表的文章不僅有關於網路安全性的專業資訊，也企劃了軟體安全的相關基礎知識及趨勢、因應對策等內容。以「提供對企業經營有幫助的見解及Know-How等實用資訊整理」為主軸。一開始先由

「何謂軟體安全？」說起，提高讀者對安全性的敏感度，最終目的希望能讓讀者考慮引進SDNA這款解決問題的工具。

　　部落格的營運方面，建立一個由行銷策劃、文章發佈、內容製作等3位負責人來管理的體制。定期與外部支援企業開會，討論部落格的營運方針。接著於2014年4月開始了部落格「你最想知道的軟體安全二三事」。部分內容委外製作，使架設初期進展能較為順利。

　　外部企業的角色是擔任部分文章內容的製作。一些關於潮流資訊、閱讀對象為一般大眾的平易內容由外部企業製作，較專業的內容則由SDNA內部的專家執筆。透過對照新聞事件中的首頁遭竄改、針對智慧型手機的病毒攻擊、客戶資料外洩等時事，撰寫專文向讀者解說資訊安全的重要性。

　　目前部落格文章的更新進度為一週一、兩篇，今後計畫增加為一週二至三篇。除了由部落格的負責人定期製作內容外，也不定期刊載由SDNA的外部人員執筆的展示會介紹及研討會的舉辦訊息等。今後預計漸漸增加其他部門的員工共同加入，增加公司內部的執筆人員，使內容製作的體制更加完備。

\ Flow Diagram / **部落格的標題範例**

伺服器犯罪也講求「分工化」！ 該如何自保？	從「2014年版資訊安全10大威脅」 看伺服器攻擊手法的最新動向
隨身配戴的時代來臨－ 企業相關風險及今後的自攜裝置（BYOD）	比詐騙集團還可怕！ 有什麼軟體可以破解山寨安全機制？
比惡意程式更可怕！？ 掌控人心弱點的社交工程詐騙	病毒被稱為惡意程式的理由
網路與現實連動的O2O 開發者對個資處理的重要心法	安全事故代價高昂，危機管理不可不做
從零開始的伺服器安全基本知識	愈來愈普及的動態密碼 真的安全嗎？

訂下讓讀者能感受到資訊安全重要性日漸增加的主題訴求，加以探討解說。

例如，請公司內部的安全對策專家針對軟體安全的專業性主題撰寫淺顯易懂的文章。該文章也在Facebook關於資訊安全的討論社群獲得好評。像這樣的成功經驗，就形成每週一回由公司內部安全專家撰寫文章的模式。

試著實踐內容行銷後最直接的感受，就是獲得讀者對於這些文章的評價、意見回饋是相當重要的。「讀者對於什麼樣的文章有興趣？」、「怎樣的書寫形式能吸引最多讀者閱讀？」等發文經驗也能逐步累積。公司內部也開始重視資訊安全部落格的存在，撰文者增加了，整個體制漸漸擴大。今後，以耕耘一個對營業額有貢獻的部落格為目標，部落格負責人正式邁向提升內容品質水準的關鍵階段。

RESULT
前來洽談的件數增加
公司內部意識大革新

SDNA的部落格架設還不滿一年，但效果已經漸漸展現。相較於成立部落格之前，商品的平均每月洽談件數有增加的趨勢。今後將仔細研究的是「如何從洽詢中所獲得的顧客資訊成功地導向實際接單？」、「要在內容行銷上再加強哪些部分以提升接單率？」等課題。

為了驗證其效果，在此介紹一項SDNA所採用的定量指標。該公司將目標顧客從來訪至洽詢的流程加以分解，將提供的內容分為「吸引顧客用內容」「提升顧客理解力用內容」兩種。接著，再個別分析兩者的KPI值。

吸引顧客用的內容，以調查期間內代表網站訪問次數的「點閱數」、「新到訪數」、「新到訪率」為指標。由此可以得知透過網路搜尋及社交媒體而發現部落格文章的訪問者有多少。

提升顧客理解力用內容，則利用「成交數」、「成交率」等作為指標。這是用以判斷部落格訪問者是否有達成SDNA設定的目標行動。

\ Pick UP / **WEB SITE**

這篇系列文，是截取過去一週內關於資訊安全的新聞重點加以介紹、解說。

\Flow Diagram / **內容行銷的執行步驟**

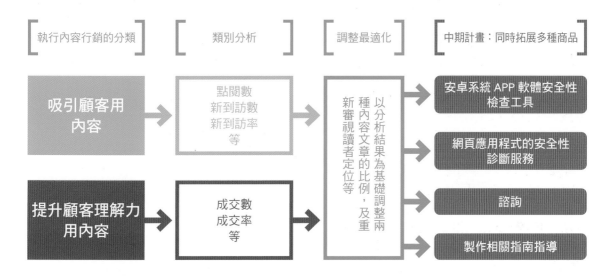

參考這些指標，調整這兩種內容的比例、再度審視讀者的定位等，運用「PDCA（plan do check action）循環」找出最適切的作法。今後，在累積部落格的營運Know-How經驗下，預計將多方展開諮詢、策劃資訊安全指南支援等各種商品的內容行銷計畫。

另外，雖然無法直接從數字中看出，但有一個莫大的收穫。那就是擔任內容行銷的公司成員們經歷了一場意識的變革。

舉例來說，SDNA部落格中有一個類別是「研討會報告」。一般而言，研討會報告的內容，不外乎是自家公司舉辦的研討會或展示會的會場狀況報告。但對此，負責人提出這樣的看法：「為了提升對資訊安全的重視所舉辦的研討會，除了本公司以外，還有很多地方也在熱烈舉辦中。在能力可行的範圍內，應該多參與其他有益的研討會，並加以介紹。」於是，負責人也積極參加其他公司的研討會，報導相關內容。

像這樣，吸收部落格讀者們的需求，製作相關的回應內容，不分敵我的將各方資訊發送給大眾的積極態度，形成了讀者對SDNA的信賴感，對於提升公司的能見度也大有助益。

廣受70萬讀者愛戴的財經媒體
NEC能持續製作有趣文章的祕訣

NEC所經營的財經媒體「WISDOM」，在10年之中聚集了70萬的會員。
內容的主題遍及了經營學、IT、歷史等領域，擁有凌駕商業雜誌的高水準。
在此介紹這資訊業龍頭讓出版社也甘拜下風的媒體經營內幕。

PROFILE

公 司 名	**NEC**
設　　立	1899年7月
負 責 人	遠藤 信博
網　　站	WISDOM（www.blwisdom.com）
營 業 內 容	IT服務業 / 系統平台事業 / 行動電信事業

NEC是從事通訊、電腦、IT解決方案服務等業務的資訊龍頭企業。通訊基礎設施尤其是強項，從海底纜線到外太空通訊等涉獵領域相當廣泛。目前正積極致力於雲端科技、智慧電網等行動通訊網路、社會基礎設施構築等事業。

WHY

為何NEC會經營財經媒體？

　　NEC經營的財經資訊網站「WISDOM」，是提供實用經營策略、管理、行銷資訊等的情報網站。事實上，這個網站是NEC從2004年就架設、如今已邁入第10年的的老字號媒體了。訂閱電子報的會員數已超過了70萬，最近也因為自媒體及內容行銷的風行而受到矚目。但早在內容行銷這樣的辭彙誕生前，NEC就已經在著手進行了。

　　到底為何NEC當初會想要經營WISDOM這樣的情報網站呢？

　　「NEC提供許多關於IT及網路的相關產品與服務，交易對象也遍及各種領域。為了要有效率地接近廣大的顧客群，我們認為善用網路資源是勢在必行。」該公司擔任WISDOM客戶關係管理部門宣傳組的資深專家－田中滋子小姐，回首當時的情形說道。

　　「當時，NEC關於產品及服務的網站十分完備，但只有需要該產品及服務的客人才會來看網站。我們希望將來可能成為客戶的對象，也能來瞭解NEC、希望與他們建立關係，所以在進行過"提供何種資訊會得到客戶青睞？"的討論後，決定提供IT基礎知識

及實用財經情報應該會是有效手段！」

原本NEC的網站中，就有各種商品及問題解決方案的介紹，但這對於無意購買該商品的顧客來說，很難引起興趣。要接觸新顧客、及「還沒有什麼想法」的顧客，這些內容意義並不大。因此，NEC在思考「什麼樣的內容會讓沒有特定想法的顧客感興趣」時，打算開設一個關於經營策略、行銷、IT等，與財經方面有關的情報資訊站。

「原本IT與經營就是不分家的，而且，會下決定跟我們買東西的，都是公司的經營高層人士。我們希望透過網站可以提供他們關於經營上的課題解決方案及所需情報。」而這就是WISDOM誕生的契機。如果不是一直抱持著「如何才能解決顧客的問題？」「顧客需要什麼資訊？」的買家立場來思考、捨棄「該如何把自己的商品及服務推銷出去？」的賣家觀點，是無法得出這樣的構想吧！

另一方面值得一提的重點，是NEC在開設WISDOM以前，就可以看出其善用內容的積極態度。2001年4月，NEC便推出了名為「NEC Solutions News」的電子報；2002年5月，在公司的官方網站上開闢了「IT SQUARE」專欄介紹IT的相關Know-How及技術。

為了增加電子報的會員數及情報網站的會員數，這些都需要提供讀者真正有用的內容才行。透過這樣的經驗，NEC學到了善用內容獲得目標顧客的運用手法。

\ Pick UP / **WEB SITE**

NEC經營的財經媒體「WISDOM」，宛如雜誌般網羅廣泛多樣的商務資訊。資訊的配置也依類別、推薦程度等精心分類，讓使用者便於利用。

只要充實內容，就能活用網站及電子報貼近廣大的顧客群，產生新的交易機會，間接使業務推動更有效率。

HOW

經營人氣媒體WISDOM的祕訣是什麼？

那麼NEC是如何經營WISDOM的呢？我們來看看它具體的運用方式。

WISDOM的主要目標，是在企業中握有裁決權的人士（顧客的經營層），將來會成為主管的商務人士、及企業第一線的負責人士。雖然站在第一線的負責人並沒有裁決的權力，但從系統使用的觀點來看，其對於企業的裁決很可能具有相當的影響力。網站的目的，在於透過提供實用商務知識、IT基礎知識來建立與目標顧客的接觸橋樑、保有長期性的關係。且更進一步希望達到增加NEC官網的訪問數、提升品牌認同感、養成忠誠粉絲的目標。

接著我們來瞧瞧WISDOM的內容。

其中最受歡迎的單元，是從歷史來獲得商業靈感的「歷史的變革家」。這是一個以歷史人物為主題，從商業觀點來為歷史抽絲剝繭的專欄。例如，活躍於日本幕末時期的土方歲三與領導力之間的探討。這在每期的電子報也是數一數二的熱門內容，來自讀者的迴響也很熱烈。

還有報導最新IT動向的「來自美國第一手消息 - IT趨勢」也是最具人氣的單元內容之一。將美國這個科技先進國的最新情報介紹給讀者們，像是「谷歌收購摩托羅拉」、「播放及通訊的融合」、「合併後斯普林特的經營動向」等，都是很有意思的熱門話題。

其中也有較輕鬆的內容，像是「看漫畫學IT基礎」的連載，將一些不好意思開口請

\ Pick UP / **WEB SITE**

泉英樹氏的歷史專欄。講述歷史與經營間的共通處，十分受到歡迎。

\ Pick UP / **WEB SITE**

小池良次　米国発、ITトレンド　第73回

ダン・ヘッセCEO辞任で変わる米スプリント経営

テクノロジー　｜　小池 良次　｜　2014年09月19日

14年8月11日。長年スプリントを指揮してきたダン・ヘッセCEO（最高経営責任者）が去った。発表から4日後という異例の交代だ。米国の業界メディアは、同氏の業績を高く評価する一方、同辞任によってスプリントは「まったく新しい会社に生まれ変わる」と予測している。ソフトバンクに買収されたあと、日本でも度々紹介されるスプリント。同社は今後も米携帯3位を維持できるのか。今回は6年半にわたるダン・ヘッセ経営を振り返りながら、新生スプリントの行く末を読み解いてみたい。

買収と再建に彩られたヘッセ氏の人生

ダン・ヘッセ氏はインターンから23年間に渡ってAT&Tで過ごしているが、晩年は「買収と再建」に彩られている。

90年代を迎えると通信事業は固定から携帯へと広がってゆく。AT&Tも携帯市場への進出をねらい、当時、携帯業界でトップを走っていたマッコウ・セルラー（McCaw Cellular Communications）を1994年に買収し、AT&Tワイヤレス（AT&T Wireless）と社名を改めた。その総帥としてシアトル本社（ワシントン州）に送り込まれたのがダン・ヘッセ氏だった。その後、ヘッセ氏は携帯業界の顔として君臨した。

スプリントのダン・ヘッセ元CEO

しかし90年代末、アナログからデジタルへと伝送方式がかわる時、AT&Tワイヤレスは判断を誤り経営不振におちいる。そして1999年から2004年にかけての携帯業界再編期に、シンギュラー・ワイヤレス（Cingular Wireless、現在のAT&T Mobility）に買収された。

その後、ヘッセ氏は地域電話会社エンバーグ（Embarq Corporation）のトップになって携帯業界から遠ざかっていたが、2007年12月にスプリントのCEOに就任し、ふたたび携帯業界

由小池良次先生執筆的美國IT趨勢專欄。充滿各種妙趣橫生的主題。

教別人的基礎IT用語，以淺顯易懂、穿插漫畫的方式向讀者解說，即使是初學者也能吸收，因此也成了熱門單元。

像這樣，WISDOM的特色，就是內容的主題包羅萬象，觸及的領域相當寬廣。像是

「經營戰略」、「行銷」、「名人專訪」、「IT用語解說」等，可說具足專業財經雜誌的水準。另外還有刊載「生活、文化」等資訊，在專業及作為休閒讀物該有的趣味性之間取得剛好的平衡，這也是吸引新讀者流入的一個誘因。

除了情報網站以外，還有每週兩次固定發送的電子報，及針對會員屬性的優惠活動通知，也有規劃舉辦見面會。所謂見面會，是邀請WISDOM的會員前來，目的是讓會員彼此有親自交流的機會，也希望能瞭解會員們對WISDOM及NEC的需求與期望。WISDOM不僅只做單方面內容訊息的發送，也很重視雙向的溝通。

具有多采多姿的內容及發送頻繁的WISDOM，事實上只靠非常少的人數在經營著。公司內部成員只有3位。內容的執筆者由WISDOM的負責人直接聯繫，委託其製作、策劃及編輯。而就像個大型IT企業般的，網站機能幾乎都靠自家公司開發運作。

WISDOM能匯聚人氣的理由，主要就是內容的趣味性吧！那麼，該如何決定題材的選擇呢？需重視以下3點：

1. 來自公司內外的情報收集

定期召開編輯會議，分享目前全球最受矚目的議題，進行內容企劃討論。此外，與公司內部業務主管彼此交換意見，像是顧客提出的話題、課題等，在選擇主題時都能做為參考。

2. 讀者對於文章的評價

　　WISDOM在每篇文章最後設有專區，分為5星等，讀者能對文章加以評價。從分析這些意見回饋，就能掌握使用者的需求。

3. 負責人感興趣的主題

　　WISDOM編輯以身為商務人士的敏感度

認為有興趣的主題，就會去積極調查詳細內容。此外，設想「WISDOM的讀者一定會對這個主題感興趣」的「直覺」，也是在選定主題上很重要的一個關鍵。

　　WISDOM不僅只提供實用內容給讀者，也將公司產品及服務不著痕跡地加以介紹。例如積極報導公司的IT解決方案相關資訊、附上公司的洽談案例解說等，巧妙地從WISDOM引導至商品網站及服務網站頁面，間接提升洽談機會。

RESULT
善用媒體價值
實現數億日圓的廣告效果

　　WISDOM為了達到「增加顧客、進而提升銷售」的目標，將以下做為KPI指標。

① 　會員數
② 　內容評價

　　此外，也很重視每年實施的會員問卷調查結果。

\ Pick UP / **WEB SITE**

將艱深的主題化為漫畫解說，用心使各階層讀者都能理解內容。

\ Flow Diagram / 「WISDOM」以內容為核心提供情報服務，使顧客增加，間接提升營收

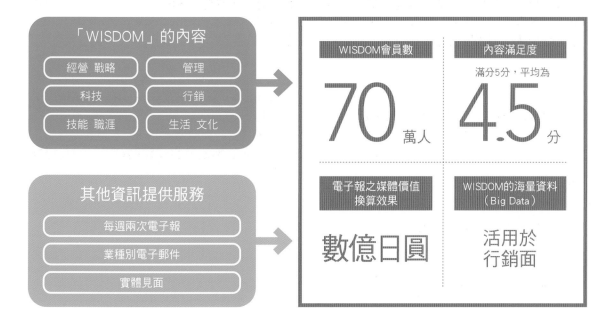

目前WISDOM的會員數為70萬人。利用促銷活動的舉辦等，穩紮穩打的增加會員人數。另外，在內容滿足度方面，整體平均也獲得滿分5分中4.5分的極高分數。70萬人的連絡名單，包含著目標顧客 - 經營層的優質資料，可說是NEC商務面的一大強項。NEC分析，將WISDOM及電子報的媒體價值加以換算的效果，省下約數億日圓左右的巨額廣告費。

NEC將抱持著繼續強化WISDOM的方針。今後將執行的政策，有以下5個重點。

- 將會員屬性等加以分類，依類別量身訂做內容，提供高滿足度的內容
- 對於尚未與NEC業務接觸的顧客、未開發的顧客建立連結點
- 豐富社群內容，吸收使用者的需求及促進會員間的交流
- 分析讀者層數據，在行銷面上能洞察其心理
- 強化公司的品牌力，期許自身經營的媒體能成為掌握全球趨勢脈動的代言人

廣告中無法表達的「有所堅持的育兒用品」

以「希望讓新手爸媽們感到幸福」為發想而創業的育兒用品購物網站。
但是最初無論如何宣傳，銷售還是毫無起色，度過一段慘澹經營的日子。
如今透過優質的育兒相關文章，搖身一變成為暢銷網站！

PROFILE

公 司 名	COOL MINT
設 立	2012年10月
負 責 人	淺川 威
網 站	www.babytopia.jp
營 業 內 容	海外育兒用品網購事業

COOL MINT的理念是「為所有的嬰兒們打造一個烏托邦」，經營「babytopia」購物網站專門銷售國外製造的育兒用品。在精選具有良好設計及高功能性商品的同時，也兼具「育兒情報知識站」，介紹各種育兒相關指南及趣味影片等，提供新手父母實用資訊。

WHY
成立了購物網站
宣傳卻效果不彰，陷入苦戰

「Babytopia」是專營育兒用品的購物網站（EC）。主力商品是國外製造的育兒用品，精選設計性及功能性都優秀的產品進行銷售。經營者COOL MINT的淺川威社長，曾任職於外資企業，並取得MBA學位。過去曾擔任Golf Digest Online及GREE等網路企業的要職。然而，在有了自己的小孩後，育兒經驗為他帶來人生的轉捩點。

「孩子出生後，想購買育兒用品時，才發現網路上沒有什麼好的育兒用品店。」淺川先生說道。他發現大致上有3個問題：第一，沒有關於整理育兒用品資訊的網站。育兒用品的種類繁多、挑選不易，卻沒有一個情報網站可以參考，大多要依靠個人部落格或親友間的口碑來收集情報。第二，沒有高品質的玩具。在日本所看到的都是中國大陸製的塑膠玩具，富設計感的歐洲製玩具幾乎沒有流通管道。

第三個問題，是歐美最先進的熱門育兒商品很多在日本都買不到。這些設計感及機能性都相當優良的產品，因為業者基於品

牌戰略上的考量，只在高級的精品選物店流通，日本的零售商難以接觸。「既然要買，就會想買最好的給寶貝不是嗎？」淺川說：「一旦孩子出生了，家中就會充滿許多嬰兒用品吧？如果設計感優良的話，用品本身也能成為家飾的一部分，而如果加上功能性也強的話，不但照顧寶寶更加得心應手，心情上也會更加放鬆。」就這樣，淺川先生在這個念頭的驅使下，毅然決然脫離了上班族生涯，成立了babytopia。

因為將其定位為「優質育兒用品一應俱全」的購物網站，所以網站的設計上也不容絲毫馬虎。經朋友介紹委託著名設計師負責網站的設計工作，打造出一個充滿流行感、色彩繽紛的可愛網站。那麼，接下來只要進貨、並用廣告招攬顧客即可。初期就靠著這麼一股拼勁開始了網站的營運。但是，沒想到廣告效果完全不如預期。購物網站必備的搜尋連動型廣告自是不在話下，但連Facebook廣告也嘗試了，卻還是成效不彰。

「Babytopia的業務調性，跟網路廣告不合。」淺川回顧初期的營運狀況。若是一般以主打「商品便宜」及「品項眾多」來決勝負的購物網站，只要靠廣告把人潮帶來就好了。但是babytopia的訴求並不是價格的低廉，品項也是精挑細選特定產品。而且，即使率先引進海外最新熱門商品，但對日本的媽媽們來說卻是聽也沒聽過的品牌。結果，以一般的網路廣告方式完全無效。

於是，淺川先生放棄網路廣告的方式，決定採取內容行銷，回到當初的經營理念，致力於加強選擇育兒用品上的相關內容。第

\ Pick UP / **WEB SITE**

依類別放上文章開頭內容的設計，讓人能輕鬆搜尋想看的文章。值得注意的是它的分類方式及附上相關新聞是其特色。

一步，先從充實育兒相關內容著手，匯聚讀者後，再將其導往購物網站為目標。

Chapter.2

HOW
身為網站站長
抓住顧客心理的五個重點

Babytopia是如何實踐內容行銷的呢？我們來看看它的具體內容。首先，Bbabytopia的內容行銷主軸，是生產、育兒相關實用資訊總整理的「babytopia資源中心」。像是

\ Pick UP / **WEB SITE**

將一些口耳相傳的情報、各種小道消息，以專業銷售人員的觀點建立情報體系加以彙整。

「為什麼孩子不肯吃飯？～原因與對策～」等實務上的指導，以及「父母吵架對孩子的影響」等啟發父母思考的專欄文章等，都是身處育兒過程中的父母會不由得想讀下去的內容，讓人有在收看線上育兒專業雜誌的感覺。

淺川先生對於文章的品質要求很高。文章大約以一週三篇的頻率更新，無論哪一篇，都是由淺川社長親自執筆。由於在此之前完全沒有寫文章的經驗，一開始覺得有點辛苦。但是，在持續發文的過程中，似乎漸漸抓到了訣竅。「在寫之前先做好調查是最重要的。」淺川說。先讀過專業書籍及雜誌、在網路上收集情報，時常關心最新的趨勢消息。

育兒相關新聞、育兒網站上的問答集及相關線上社群等，也要定期參閱。另外，關於育兒的相關情報，比起日語，英語資訊有壓倒性的數量及充實度，所以他也花了相當大的工夫收集英語資訊。例如，將海外口耳相傳的情報、海外最新潮流等率先介紹給讀者，能讓自己獲得「發送最新資訊的媒體先鋒」定位。如今，淺川先生已經成為育兒方面掌握最新趨勢的專家，也就是意見領導者。在請教淺川先生關於撰寫文章的心得時，他指導了幾個重點。

1. 要取得購物網站與媒體間兩者的平衡

在選定主題之際，除了要是對讀者有助益的資訊以外，同時也要顧及內容與購物網站有所連結，取得適當的平衡。

\ Pick UP / **WEB SITE**

在各文章以附註的形式放上相關商品頁面的連結。

　　不要做出以銷售為優先的廣告文，一切要在以「父母擁有正確知識及理解才能有良好的育兒行為」為理念的出發點下，介紹實用的新資訊、再與商品頁面連結。必須以這樣的心態多花點心思來撰寫文章及選定主題。

2. 要趁早將尚未為人所知的情報發送出去

　　對於可能吸引高度關注的國內新聞及海外資訊，提醒自己必須要率先寫成文章。要比任何人都更快將關鍵情報發送出去，才能提升自身媒體的價值。

3. 積極刊載嬰兒影片

　　Babytopia十分積極刊登在海外造成話題的嬰兒趣味影片。因嬰兒影片會透過社交媒體、口耳相傳而廣為散佈，偶爾也會被雅虎新聞等媒體報導，如此一來就能促進提升網站的點閱率。

4. 設立風格較辛辣的專欄

「社長專欄」這個單元，是淺川先生將其認為重要的議題進行專文介紹。

例如「關於『沖繩』嬰兒放置車內致死事故』之思考」這篇文章，便介紹到不只在日本，美國也同樣有許多不小心將嬰兒遺忘在車內而不幸致死的事故。文章並提到為了防止憾事發生父母應注意的重點、以及提出政府應立法管制的必要性等。並非單純介紹時事，而是與海外狀況進行比較、並加上淺川本人的見解，這樣的行動提升了做為一位「站長」予人的信賴感。

5. 類別設計的工夫

Babytopia為了將各式各樣的內容做個整理，做了以下的分類。

· 以媒體情報發送為主要目的類

· 為了增加點閱率，老少咸宜的內容類

· 與時事相關並陳述淺川自身見解的內容類

· 以站長觀點能加強本身權威價值類 *1

· 促進銷售的商品介紹類

· 選擇商品所需之資訊整理，買家指南

由此可一目瞭然，每一項分類都有明確的目的性。先以時事報導及符合大眾口味的嬰兒影片匯聚讀者，然後以育兒指南提供讀者知識，接著，再透過社長專欄及訪問報導等加深對Babytopia的信賴感，最後在讀過商品的介紹後考慮買入商品，構成一套完整的流程。

RESULT
連育兒雜誌也前來取經
成為具有份量的媒體

在充實內容後， Babytopia的銷售額也有了起色。當初即使打廣告也賣不出去的商品，透過內容的幫助也開始暢銷。購物網站的點閱數與開站時相比，大約成長了10倍。「透過搜尋引擎而來的來訪者人數大增。」淺川說。這都是提供充實育兒用品相關資訊的結果。由於明白了文章內容對銷售的影響，當有想要推廣的重點商品，便增加撰文介紹相關內容。「因為熱門文章會持續地帶來使用者。」Babytopia的使用者中，新訪客及回訪者的比例為8比2，新訪客佔多數。能持續地增加新訪客，也是內容行銷帶來的效果。

其他方面，由於也刊載許多優質的育兒相關文章，成為受人矚目的商務網站，也有育兒雜誌及時尚雜誌前來採訪。身為業界的意見領袖，能與其他大企業的業者及店家平起平坐，確立了自身品牌的地位。

內容行銷也使人更理解顧客的心聲。

---

*1　訪問海外的嬰幼兒用品公司社長等，寫成報導，可以讓讀者對babytopia產生「有能力直接與知名品牌的社長接洽」的信賴感與權威感。淺川先生從零開始經營購物網，在短期間內要打出名號，他認為主張自己的站長權威性是有效果的。

「為了製作有趣的文章內容，必須對使用者心理及業界趨勢同時伸出觸角。」淺川表示。目前的新政策，是與各方企業共同合作，提供育兒的相關服務。例如與社交媒體遊戲公司GREE共同策劃可以在家進行二手育兒用品鑑定的服務、與線上飯店預約業者「一休.com」共同推出「可以帶嬰幼兒一起同住的親子旅館」特集，這都是受人信賴的網站才能實現的企劃。

\ Flow Diagram / **How to Content Marketing**

網站（銷售）與媒體（優質情報）兩者機能取得平衡

讓內容的類別有各自的任務，
各自的內容中發佈的情報種類有些許不同.

- 以媒體情報發送為主要目的類
- 為了增加點閱率，老少咸宜的內容類
- 與時事相關並陳述淺川自身見解的內容類
- 以站長觀點能加強本身權威價值類
- 促進銷售的商品介紹類
- 選擇商品所需之資訊整理，買家指南

POINT1　在後進及眾多競爭中，獲得搜尋引擎優化（SEO）的優勢

POINT2　提升業界內的市場定位，獲得成功

POINT3　擁有優質的特定目標顧客，拓展商機

POINT4　到訪人數增加約10倍，網頁瀏覽數增為4倍 *2

*2 與網站成立時（2013年5月）相比

不靠財力，腦力才是勝負關鍵

Case Studies Part 2

現在開始我們要來看看內容行銷的國外案例。海外企業導入內容行銷已經行之有年，尤其是美國，身為行銷先進國家，有許多值得效法學習的地方。本篇將從大至全球性IT企業、小至個人創業家等，向讀者們逐一介紹各種案例，其中希望各位特別注意的是，以高爾夫影片成功吸引顧客的高爾夫球場、及從雷曼兄弟事件再度復活的家庭用泳池工務店等小公司，都正在積極地接觸內容行銷。而在其他公司忽略的領域中，如果能提供顧客所需的情報，那麼在該領域稱霸也絕非幻想。「比起財力，腦力才是決勝關鍵!」這就是內容行銷的魅力。

鄉下的高爾夫教室已經名額爆滿！
電子書及影片提供課程模擬體驗

在毫無網路行銷經驗下，
透過線上解決高爾夫玩家的疑難雜症，
徹底變身為最具影響力的高爾夫教室。

PROFILE

公 司 名	Reynolds Golf Academy	
設 立	2006年	
負 責 人	Charlie King	
網 站	www.reynoldsgolfacademy.com	
營 業 內 容	高爾夫學校、企業高爾夫球賽、高爾夫活動等	

Reynolds Golf Academy是一所美國喬治亞州的高爾夫學校，位於奧科尼湖畔充滿豐富自然景觀的高爾夫渡假別墅「Reynolds Plantation」境內。由美國高爾夫文摘雜誌選為前百大教練的Charlie King所經營。

WHY
為何高爾夫學校會導入內容行銷？

負責Reynolds Golf Academy營運的查理·金（Charlie King），曾遭遇令人頭痛的難題。Reynolds Golf Academy剛開幕，必須要招攬大量的顧客才行。但是身為地方性的小規模高爾夫球場，沒有充裕的廣告預算。經營成員僅只6人。其中一位是負責與企業接洽的營業人員、一位助理、4位高爾夫球教練，負責行銷的人一個也沒有。

對於行銷完全是門外漢的金先生，絞盡腦汁嘗試各種方式希望能招攬客戶。例如在地方雜誌「Atlanta Magazine」上刊登廣告，發送電子廣告郵件等。但是，對小型的高爾夫球場來說，傳統的廣告方式成本高，也沒有效果。金先生偶然間在書店讀到『行銷與PR的網路實踐戰略』（日經BP出版，原文書名：New Rules of Marketing and PR；中文版書名：新行銷聖經）這本書。這本書由行銷戰略家大衛·米爾曼·史考特（David Meerman Scott）所著，他在書中內容提到，現今的趨勢，必須將媒體導向的PUSH型行銷轉變為以少數特定目標顧客為導向的PULL型線上戰略。

『行銷與PR的網路實踐
戰略』大衛‧米爾曼‧
史考特 著

金先生為了實踐這個
想法，於2008年2月著手
改版自家公司官網。一直
以來，公司官網上只有關
於高爾夫學校簡介、類似
電子型錄般的內容，金先
生希望將其改變為發送更
有價值資訊的園地。他架
設了名為「New Rules of
Golf Instruction」的部落
格，開始在上面陸續放上文章、影片及電子
書等內容。

HOW
為了傳達出服務的品質
善用內容行銷的力量

金先生在改版後的新網站上，提供關於
高爾夫球玩家煩惱及問題的解決方案。

他認為傳統的高爾夫球課程有個很大
的問題，那就是高爾夫對初學者而言太過困
難，即使一直練習也沒有進步。

\ Flow Diagram / **How to Content Marketing**

不想輸給對手。希
望能知道減少桿數
的秘訣。

充滿熱情的高爾夫球玩家

客戶找我打球，但
最近太忙都沒時間
練習。如果直接上
場不知道有沒有問
題？

商務型高爾夫球玩家

高爾夫球有好多專
業術語，好難懂。
希望能更輕鬆的樂
在其中…

女性高爾夫球玩家

怎麼練習都沒有起
色。該怎麼做才能
早點上手？

初學者

\ Pick UP / **WEB SITE**

名為「認證方式（ANTHMETHOD GOLF）」的網站。擁有影片及部落格等豐富資訊，都是會讓高爾夫愛好者興味盎然的內容。

\ Pick UP / **YouTube**

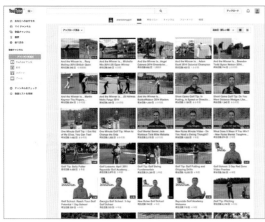

Reynolds Golf Academy在YouTube上有自己的官方頻道，上傳許多影片供人觀看。出處：「charliekinggolf」（Youtube）

傳統的高爾夫教學過於依賴感覺與經驗，已經不符時代潮流了。今後的高爾夫指導方式應該更加科學，必須要依每一位高爾夫學習者量身訂做客製化的教學。

金先生在部落格上製作同樣名為「The New Rules of Golf Instruction」的電子書，並免費在網站及部落格上供人下載。這份電子書充滿他個人對高爾夫練習法的思考精華重點。例如，重視在果嶺周圍的「短桿（short game）」技術、重點放在精神與體能的訓練、利用錄影等配合科學方法的練習。金先生在2009年3月推出電子書時，是相當嶄新的嘗試。該電子書總計達上萬人次下載，是非常熱門的內容。

金先生更進一步善用部落格及影片，進行各種內容的提供。首先，在部落格上發表個人改善揮桿及強化精神力等獨門的Know-How，其他還有像是錄製「高爾夫球手最常犯的5個錯誤」的5分鐘短片系列。

金先生發現以娛樂心態來觀賞影片的觀眾佔多數，於是後續也十分用心在影片的幽默性。名為「像老虎伍茲一樣揮桿的祕訣」的影片就是其中之一。該影片以老虎伍茲的揮桿為題材，將其特點以詼諧的方式進行解說，話題性十足。在Youtube發表後，經由美國的熱門高爾夫網站「golf.com」所介紹，點閱人次超過了180萬。

金先生為了讓內容能符合讀者需求，採取個別客製化的方式。將目標讀者設定為「希望球技更好的人」及「希望能改善自己球風的人」，並將其分為四種類型：①充滿熱情的高爾夫球玩家②商務型高爾夫球玩家

\Data / **Result of Content Marketing**

50 times
流量及目標顧客數增加50倍

4191 link
超過230個網域的友情連結（4191個）

1000000 th
網站的流量排名從5900萬名上升至100萬到200萬名

RESULT
導入內容行銷的收穫

對於Reynolds Golf Academy透過內容行銷所獲得的成果，當時果斷決定導入此新方法的金先生本人也感到相當驚訝。

根據擔任該高爾夫學校行銷支援的美商tempo creative資料顯示，導入後9個月網站的流量（也就是「目標顧客」）增為50倍[3]。部落格的新進登錄訪客數達300人，並有超過來自230個網域、4000多個友情連結。原本在5900萬名前後的流量排名，也躍升至100萬到200萬名。

這些數字對於地方性的小型高爾夫學校而言是莫大的成功。隨著流量與部落格訂閱數的增加，會有更多目標顧客前來拜訪網站。實際上來申請、洽詢課程的學員增加了，為銷售額帶來了貢獻。

③女性高爾夫球玩家④初學者。將符合這些讀者形象的高爾夫教學Know-How化為單元內容。

高爾夫學校所銷售的商品，就是提供高爾夫球課程的服務。一般而言，因為服務沒有實際體驗過就無法知道好壞，所以消費者較容易感到購買的風險性。 Reynolds Golf Academy為了消弭消費者的不安，不斷地公布自身的Know-How，成功地給予了消費者安心感。

Reynolds Golf Academy的網站提供如此豐富的課程模擬體驗，不只提高了話題性及知名度，間接使提升銷售額的要素也落實在內容行銷中。

<參考文獻>
1) Hubspot, "eBook, Blogging & HubSpot Software Build Golf Academy Lead Flow 50x, " https://www.youtube.com/watch?v=oC7WFP6r_Y8
2) Handley, A., et al., Content Rules: How to Create Killer Blogs, Podcasts, Videos, Ebooks, Webinars (and More) That Engage Customers and Ignite Your Business, Wiley, Dec. 2010.
3) tempo creative, "Raynolds Golf Academy, " http://www.tempocreative.com/success/reynolds-golf-academy/

介紹自家商品的問題點及競爭同質商品
顧客導向的情報提升了泳池工程營業額

因雷曼兄弟金融風暴事件，使訂單銳減至原來三分之一的家用泳池工程商
在自家官網發布了顧客最想知道的「價格」與「實行方法」等情報。
此舉獲得了目標顧客的信賴，營業效率也大幅提升。

PROFILE

公 司 名 稱	River Pools and Spas
設　　　立	2001年
負　責　人	Marcus Sheridan
網　　　站	www.riverpoolsandspas.com
營 業 內 容	玻璃纖維製之家用泳池架設工程

美商River Pools and Spas是一間位於美國維吉尼亞州的家用泳池工程公司。為了因應雷曼兄弟事件後的不景氣，決心往網路為主的內容行銷發展。結果買氣一舉回溫。是展現內容行銷在小眾市場也能立大功的模範案例。

WHY

摸索各種廣告的可能性
最後找到的答案是？

　　美商River Pools and Spas是一間專門為私人住宅設計、施作泳池工程的承包商。

　　與日本民情不同，在美國住宅中設置泳池是相當普及的。該公司自2001年以來，業績都穩定上揚，直到雷曼兄弟事件的爆發，使2009年上半年的訂單銳減。訂單量掉到原來的三分之一，一個月平均只有6件左右。創辦人馬庫斯・謝里丹（Marcus Sheridan）面對這個衝擊，開始對一直以來的行銷手法感到疑惑。

　　River Pools and Spas雖然年度銷售額達400萬美元之譜，仍在廣播、電視廣告、網路的搜尋連動型廣告上每年投入約25萬美元的經費[1]。媒體廣告費用從2000年初期開始便不斷地漲價，但另一方面，網路的崛起、大眾擺脫廣告的情況下，公司與目標顧客漸行漸遠。　搜尋連動型廣告雖然在最初時很划算，但隨著利用此方式的企業開始增加，用相同關鍵字進行廣告刊登的競爭對手也增加了。因此廣告單價愈來愈高，行銷成本也開始居高不下。[2]

\Flow Diagram / **How to Content Marketing**

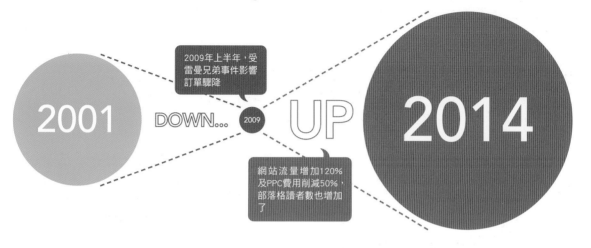

從傳統行銷手法中謝里丹學到了一件事：「顧客只會對自己需要的情報感興趣」。因此，他決心徹底將焦點放在製作顧客需要的內容、純粹以顧客為導向的網站。

<u>HOW</u>
儘可能地詳細提供
使用者想知道的資訊

謝里丹最初執行的工作，是先將媒體行銷預算縮減為十分之一，轉而製作對顧客有價值的部落格內容及影片。網站上主要介紹River Pools and Spas所專營的玻璃纖維製泳池之相關內容。其中最先提供的資訊是關於價格方面，因為銷售部門最常接獲的就是顧客對於價格的詢問。[1]

詢問度第二高的，就是玻璃纖維製泳池的相關問題。與玻璃纖維製泳池分庭抗禮的，是混凝土製泳池。顧客在考慮架設泳池時，當然會對兩種工法進行比較。而當顧客向競爭對手-混凝土製泳池業者洽詢時，對方會強調玻璃纖維製泳池的問題點，因此顧客就會丟出這樣的質疑：「聽說玻璃纖維製泳池好像會有這些缺點：……」[1]

River Pools and Spas並不逃避這些問題。不僅不掩蓋關於玻璃纖維製泳池的問題點，甚至仔細地在部落格文章中積極地公開。文章採取Q&A形態，對於顧客的疑問，盡量以明白易懂的方式說明。這樣的文章帶來極大的迴響。對設置泳池感興趣的目標顧客，在網路上搜尋關於玻璃纖維製泳池的相關問題時，該公司的部落格文章在搜尋結

果中名列前茅。於是，該公司「是間提供正確資訊的誠實商家」這樣的形象便更為人所知。[2]

不僅如此，該公司對於競爭同業，也會在部落格中撰文加以介紹其特色。因為按照經驗，有許多顧客會想要多收集幾家泳池工程公司的資訊進行比較。此外，在文章中反而對自家公司並不多所著墨，因為在報導中一提到公司名稱，很容易讓人意識到這是廣告，會喪失信賴感。

River Pools and Spa所刊登的部落格內容，全部都是目標顧客想要知道的內容。因為謝里丹在內容製作上十分用心，務使顧客目前的提問、或可能會有的提問都能得到

滿意答案。這在顧客手邊沒有充足情報、或收集情報相當耗時耗力的情況下，是一大福音。尤其是建築、工程及不動產方面等需要專業知識的交易，消費者對於商品或服務很難取得足夠的資訊。因此造成交易無法順利進行，業者本身也難以活絡市場。

River Pools and Spa的官方網站。比較各種不同施工法，提供個別的優缺點資訊給消費者。

River Pools and Spa的例子中，是除了提供泳池的施工價格及設計等基本資訊外，也進一步介紹泳池的具體工法種類、口碑良好的工程公司、以及使用者經驗談等。將過去只有企業方才有的資訊公開化，消除情報的

\Pick UP/ **CONTENT POINT**

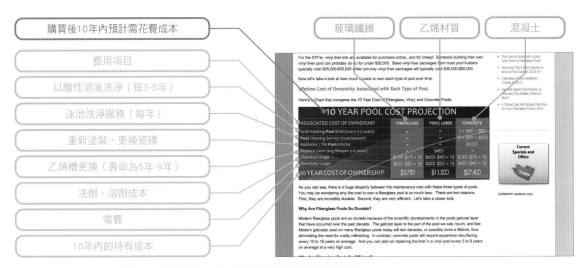

River Pools and Spa的官方網站。比較各種不同施工法，提供個別的優缺點資訊給消費者。

Success

對閱讀過River Pools and Spa部落格30篇文章的顧客進行銷售活動時，其成交率與業界平均率10%相比，竟高達80%

8倍

Success

不對稱性。如此一來，消費者對於泳池施工的心理障礙也得以解除。而逆向操作、積極地介紹同業其他公司的特色，也能間接幫助聚集對泳池有興趣的各方人士。當顧客在做下關鍵決策的階段，此種以適切的形式提供適切資訊的機制，可有效反映在實質的營業額上。

RESULT

導入內容行銷
達成有史以來最高的銷售額

執行內容行銷後，River Pools and Spa的網站流量增至2.2倍，搜尋連動型廣告的費用也降低一半，部落格的讀者也增加了。謝里丹說：「對看過我們部落格30篇文的顧客進行銷售的結果，實際的成交率達八成。一般對目標顧客的成交率平均大約在一成左右。」[1] 銷售額甚至超越雷曼兄弟事件前創下的高峰。

內容行銷雖然是相當吸引人的手法，但似乎很多企業覺得要持續更新實用文章內容是很困難的事。謝里丹在訪談中表示：「雖然很多人都說不曉得在部落格寫什麼內容才好，但那真的算不上是個問題。只要願意傾聽顧客所有的問題，並加以回答就好了。最初要做的，就是收集來自顧客的提問，在公司內部進行腦力激盪。只要30分鐘，想出100個問題簡直易如反掌。」

經營特殊項目的企業，總會認為「我們與高知名度的日用品不同，本身就沒有什麼會讓讀者覺得有趣的題材」，而對導入內容行銷躊躇不前。但從River Pools and Spa的例子可看出，即使是家用泳池的小眾商機，也能透過以清楚易懂的方式提供目標顧客所需資訊，締造成功佳績。

<參考文獻>
1) Cohen, M., "A Revolutionary Marketing Strategy: Answer Customers' Questions," http://www.nytimes.com/2013/02/28/business/smallbusiness/increasing-sales-by-answering-customers-questions.html
2) Zhu, J., "River Pools and Spas: Blogging for Sustainable Business Growth," http://mcdn.hubspot.com/imu-curriculum/River_Pools_and_Spas_Blogging_for_Sustainable_Business_Growth.pdf
3) Hayden, B., "Case Study: How Content Marketing Saved This Brick-and-Mortar Business," http://www.copyblogger.com/brick-and-mortar-content-marketing/

透過啟蒙他人內容行銷而成長
提倡集客式行銷的企業

傳統的推銷「PUSH型」行銷手法愈來愈無效⋯
那麼，怎麼做才能使人對商品感興趣呢？
HubSpot實踐了自身提倡的集客式行銷，公司也因此實質成長。

PROFILE

公 司 名	HubSpot
設 立	2006年6月
負 責 人	Brian Halligan
網 站	www.hubspot.com
營 業 內 容	中小企業的網站行銷支援服務

美商HubSpot於2006年誕生於美國波士頓，是一間提供中小企業網站行銷軟體支援服務的公司。兩位創辦人結識於麻省理工學院（MIT）。該公司因實踐了自身提倡的「集客式行銷」而急速成長，也因推廣「集客式行銷（Inbound Marketing）」一詞而聲名大噪。

WHY
要獲得顧客
首先自己就要成為成功案例

2006年6月，布萊恩・霍利根（Brian Halligan）與達米胥・夏（Dharmesh Shah）在美國波士頓創辦了HubSpot（現在他們分別是該公司的CEO及CTO）。結識於麻省理工學院的兩人，創業目的在開發幫助中小企業進行集客式行銷的網路服務。

HubSpot把稱為「Inbound Marketing」的集客式行銷手法與「內容行銷」看做類似的思維，幾乎當同義詞來使用。就像本書從開始到現在所說明的，不去主動推銷商品，而是透過網站或部落格等，讓目標顧客「自己來發現商品」。 PULL型行銷將焦點放在顧客耕耘以增加營收。

該公司也以推廣「集客式行銷（Inbound Marketing）」而聞名。為了表達敬意，在此就以集客式行銷一詞來介紹該公司的行銷案例。

集客式行銷是霍利根醞釀已久的想法。任職於專門投資高科技相關微型企業的創投公司，他感到傳統行銷手法已漸漸不合時

宜。尤其對中小企業來說，電子郵件廣告、電話推銷、向媒體買廣告等，投入的成本很高效果卻並不對等。

比方顧客正在忙著做什麼事的時候，推銷的電話突然打來會如何呢？自己事情做一半被打斷，心情不可能會愉快的。比起打擾人們做事來推銷商品，不如讓他們在想更瞭解商品時獲得有用的情報。因此，將那樣的情報透過網站來提供是最有效果的。對商品感興趣的人們，對於主動提供自身商品或服務的企業，較容易進一步接觸。霍利根是這麼想的。

集客式行銷，並不著眼在眾多人前提升曝光率而大量散布可有可無的廣告。而是精心準備目標顧客會感興趣的內容，如此一來，就能預期這些已篩選過的顧客被商品或服務吸引而來的效果。

霍利根以這個構想開發出SaaS（Software as a Service）型態的網站服務，也就是與公司同名的「Hubspot」。該服務由提供網站、部落格、SNS（Social Network Services；社會性網路服務）在進行內容設計時的版型、內容發表的最適化工具、能分析內容效果的工具等所組成。設計重心放在讓企業吸引目標

\Flow Diagram / **Business Model**

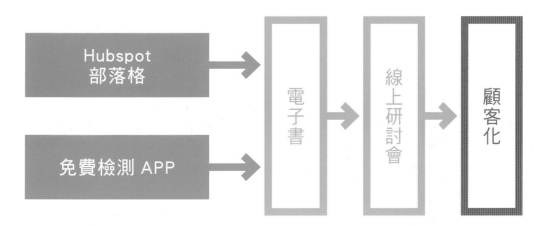

Hubspot透過部落格提供行銷資訊，並以免費檢測APP服務當成入口，有效匯聚目標顧客。

\ Pick UP / **WEB SITE**

Hubspot提供的免費檢測APP「Website Grader」。只要登錄網站的網址，就會以滿分100分的評分標準自動進行檢測，十分便利。

顧客前來，並成功轉換為真正的顧客。

Hubspot立下的營業方針，是以身為提供有志從事集客式行銷的支援服務企業，首先應從自己親身落實開始。因為如果本身不能順利實行，那也不該將服務銷售給其他公司。

HOW
活用部落格、SNS、影片以免費服務喚來目標顧客

Hubspot最初採取的行動，是製作公司的官網。活用部落格、白皮書、線上研討會、Podcast等，將當時的熱門話題「Web2.0」做為關鍵字，提供相關內容，介紹集客式行銷戰略的重要性。

創業2年後的2008年，網站的每月訪問人次已超過30萬，[1] 也積極地利用LinkedIn及Facebook等外部社交媒體進行文章的發表。隨著提供讀者實用內容的好評口耳相傳，奠下了一定份量的地位。

相關影片也積極地上傳至YouTube，獲得了許多觀眾。例如取自加拿大出身的人氣歌手 - 艾拉妮絲莫利塞特的名曲「You Oughta Know」的曲名做為標題、傳達集客式行銷概念的影片「You Oughta Know Inbound Marketing（你應該要知道的集客式行銷）」，點閱率已突破12萬。

其他還有點閱率超過7萬次的「Cold

Calling Is for Losers （電話推銷是為失敗者存在的）」影片，內容是以詼諧的手法表達傳統行銷方式的無用。

RESULT
以自身案例來成功證明
提倡手法的有效性

　　Hubspot自身實踐的集客式行銷成功奏效，該公司的免費分析服務與其他業者提供的類似服務相比，因具有改善建議案的機能而受到好評，獲得許多的愛用者。截至2009年累計共有65萬個網站、22萬個Facebook專頁使用了該公司的免費分析服務。根據美國財經雜誌「Harvard Business Review」的報導，該公司的服務在同年6月已擁有1400家付費顧客，季營收約為100萬美元，達成幾乎50%的利潤率 [2]。

　　其後的銷售狀況也十分穩定上揚，根據美國KISSmetrics的報導，2013年Hubspot的顧客案件數已超過1萬件（見右上圖），營業額為7760萬美元，是5年前的約35倍 [3]。創業當時員工數僅有3名，在同年已增至668名。 Hubspot有75%的讀者情報都是透過集客式行銷的方式而獲得的。

　　Hubspot的例子，顯示了集客式行銷能給予中小企業與大企業一較高下的可能性。該公司親自證明了這件事。於是，做為其顧客的中小企業，也發現到集客式行銷的重要性，願意積極地投入預算。

\ Data / **Hubspot顧客數的成長**

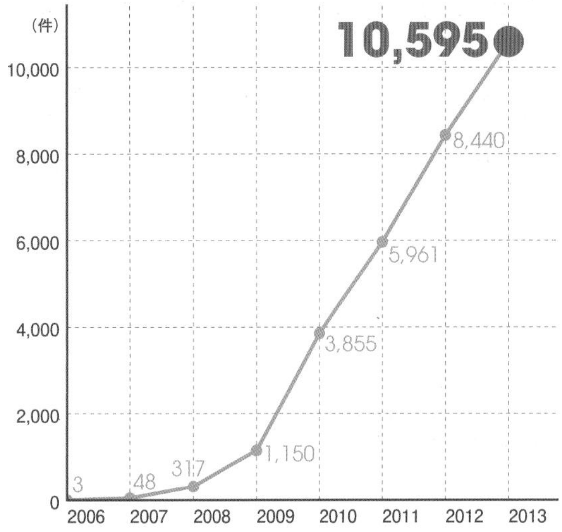

　　成功的一大要因，是持續不輟地發送「為顧客著想」的資訊。集客式行銷的成敗，繫於是否能提供顧客有助益的內容。

＜參考文獻＞
1) Steenburgh, T., et al., "HubSpot: Inbound Marketing and Web 2.0, " Harvard Business School, May, 2009.
2) Martinez-Jerez, A., et al., "HubSpot: Lower Churn through Greater CHI, " Harvard Business School, Jan, 2010.
3) "How HubSpot Approaches Inbound Marketing, Culture and Sales, " http://blog.kissmetrics.com/hubspot-marketing-culture-sales/

在部落格上提供人性化的資訊
轉換為不流於媚俗的經營型態

對於無理取鬧的顧客要求感到厭倦的網路開發公司，
以公司內部的know-How資訊及發表人性化的部落格文章為武器
使因新服務而來的企業轉型一舉成功。

PROFILE

公 司 名	**BaseCamp**	
設 立	**1999年**	
負 責 人	**Jason Fried**	
網 站	**www.basecamp.com**	
營 業 內 容	**網路介面的專案管理工具銷售**	

美商BaseCamp的前身為美商37signals，是一間提供網路介面專案管理工具的公司。原本從事企業網站製作及諮詢。而原來用於公司內部的開發工具因廣受顧客好評而成為熱門商品。當時所運用的強力武器就是內容行銷。

WHY
企業轉型的契機
活用自家的部落格

37signals原本是一家從事網站製作及相關諮詢服務為主的公司。由傑森・弗萊德（Jason Fried）等3人創辦於美國芝加哥。經營可說十分順利，營收表現也不俗。但漸漸地，公司對於網站製作相關工作的熱情，無法與金錢上的滿足度成正比[1]。

花費數月製作出的網站於交貨後，因顧客的要求屢生變數。甚至也曾有過精心打造的網站落得胎死腹中的命運[2]。被無理取鬧的顧客要得團團轉，開始心生厭倦，這樣的心情的確可以理解。

隨著網站製作事業的擴展，承接的案子也愈來愈大。由於專案管理作業變得複雜，於是公司內部自行開發了網路介面的專案管理工具。這也就是目前公司主要的服務「BaseCamp」。

雖然是公司內部開發的工具，但卻有意料之外的發展。跟顧客談到這個工具時，得到許多「我也想買」、「可以讓我用用看嗎？」的反應。據說他們一直在尋找容易上手的專案管理工具，世面上的產品卻太複雜

\\| Flow Diagram **/ History of 37signals**

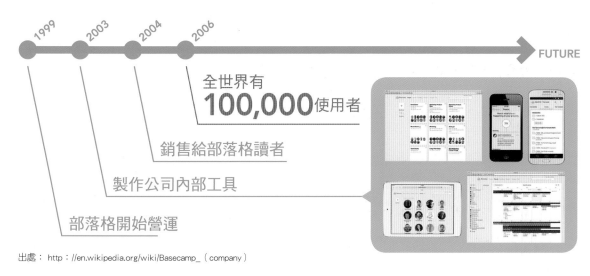

```
1999    2003    2004    2006
                                    FUTURE
```

全世界有
100,000 使用者

銷售給部落格讀者

製作公司內部工具

部落格開始營運

出處：http://en.wikipedia.org/wiki/Basecamp_（company）

了，並不好用。

HOW
積極公開自家公司Know-How
培養忠實顧客、並匯聚人氣

　　37signals所實踐的內容行銷方式，是善加利用部落格。其中的來龍去脈，在弗萊德的暢銷著作：『Rework』，中文版書名：工作大解放：這樣做事反而更成功）中有詳盡的介紹[3]。該公司經營的部落格「signal vs. noise blog」擁有10萬人以上的讀者，部落格中介紹了經營相關Know-How、軟體相關技術、該公司的企業理念等，涵蓋各種議題。

將自家公司的Know-How，以幫助讀者的形態積極呈現，可說是成功抓住目標顧客的作法。

　　部落格讀者，尤其是不斷再訪、固定收看文章的回頭客，也就是對公司發佈的訊息深有同感的粉絲。而對文章內容有所共鳴的讀者，對該公司產品產生共鳴的可能性也較高。亦即透過提供有價值的情報，就是間接培育「對本公司有共鳴的目標顧客」。

『迷你團隊‧偉大事業』
早川書房 2012年1月

但是，不經思考的隨意發文，就想獲得共鳴，是不可能的。37signals在製作部落格文章時，會注意以下三個重點：

1. 不要害怕公開自家的Know-How

將自家公司的Know-How寫成文章，可能會對同業透露出商業機密。但積極公開Know-How得到的好處無窮，例如被大眾認為是業界的專家、使公司贏得關注就是其中之一。

Know-How的公開，對大企業來說是難以實行的，因此，即使是默默無聞的中小企業或微型企業，只要嘗試就有很大的機會獲得顯著的宣傳效果。

2. 公開後台內幕

不僅公開營業上的Know-How，毫不保留地傳達給讀者「公司拿出了怎麼樣的熱情與信念來執行」是非常重要的。這是獲得部落格讀者的共鳴、進而培育成粉絲的重要一環。當讀者感受到與筆者有所連繫，就會對筆者所屬企業或服務抱持親切感。這間接能成功地匯集目標顧客。

3. 人性化的應對

在網路的世界裡，難免給人機械化而冰冷的印象。如果文章內容過於簡潔、沒有人味就難以獲得讀者的共鳴。因此，37signals儘可能地鼓勵資訊發佈者的加強展現「人性化的魅力」。不虛張聲勢、顯露原本的姿態與個性，讓讀者有股親切感，較容易對其發表的文章產生共鳴。

\ Pick UP/ **3Points of Content Marketing**

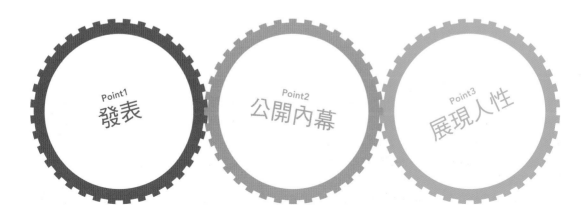

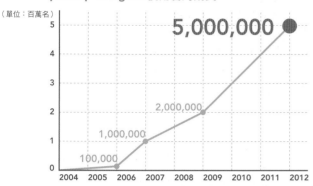

\Data / 37signals使用者的成長

（單位：百萬名）

5,000,000

2,000,000

1,000,000

100,000

2004 2005 2006 2007 2008 2009 2010 2011 2012

37signals除了以部落格文章建立與讀者的信賴，同時另一方面也推出免費的服務試用版。這麼一來，新顧客使用商品的入門門檻降低，更有機會瞭解商品的價值。這裡的重點是，不僅只是提供試用版，而是透過部落格確實建立了信賴感與親近感的基礎後，才建議讀者「要不要試試看呢？」。這樣實際購入商品的可能性才能一舉提升。

RESULT

成功匯聚目標顧客
使2年內獲得10萬名使用者

37signals一手經營的部落格，成為與目標顧客之間的交流管道，帶來了莫大的效果。專案管理工具的使用者增加了，超越製作網站的本業收益蒸蒸日上。在服務開始兩年後的2006年，BaseCamp的使用者數超過了10萬人（左圖）[4]。以此為契機，該公司乾脆一舉轉型，從網站製作業者轉為管理工具服務供應商。

維持著該公司急速成長的手法就是內容行銷。雖然當時這個名稱尚未問世，但回過頭來看，這一切可說是內容行銷的執行範例。「不勉強擴充企業規模，製作簡單便利的商品」、「重視職員的滿足度，成為小而美的企業」的經營方針，得到了多數人的共鳴，也造就了亮眼成績。

像37signals「對本公司有興趣的顧客，用心地加以培育」這樣的作法，對許多追求CP值與效率性的企業而言，看起來似乎耗費許多無謂的心力。但其實從長遠看來，是非常有效率的。為什麼呢？因為該公司在透過部落格所實踐的「給予對方助益」、「人性化的待客之道」等方式，跟現場面對面與顧客交流所重視的要點是共通的，而那就是抓住廣大人心的關鍵所在。也許，要花費不少時間及心力，但比起傳統亂槍打鳥式的廣告來得有實質效益，成果指日可待。

<參考文獻>
1）宗像、「顧客に媚びないビジネスを作る」、http://innova-jp.com/media/entreprenuer/37signals-product-business/
2）Warrillow, J., "Jason Fried: the service-to-product switch, " http://www.theglobeandmail.com/report-on-business/small-business/sb-growth/day-to-day/jason-fried-the-service-to-product-switch/article626807/
3）フリードら、『小さなチーム、大きな仕事 完全版』、早川書房、2012年1月
4）Sarhan, Y., "What is 37signals's annual revenue?, " http://www.quora.com/What-is-37signalss-annual-revenue

幕後專業後援會打造優質專欄
活用社交技術的專業網站實證

由一介自由作家成立的社交媒體專門網站，
集結了專家團隊成為強大後援，在4個月內獲得了10萬名讀者。
優質的內容是匯聚廣大粉絲的成功關鍵。

PROFILE

公　司　名	Social Media Examiner
設　　　立	2009年10月
負　責　人	Michael Stelzner
網　　　站	www.socialmediaexaminer.com
營　業　內　容	社交媒體相關專門資訊網站、研討會營運事業

美商Social Media Examiner是社交媒體類別中全球最大規模的資訊網站。主要針對中小企業經營者及行銷負責人發送社交媒體行銷的經營及活用Know-How，在相關業界擁有廣大的影響力。

WHY
立志在資訊不足的領域中
提供優質內容給讀者

　　Social Media Examiner的創辦人麥可·史特茲納（Michael Stelzner），原本是幫惠普（HP）及微軟（Microsoft）等美國IT企業執筆的作家。他對社交媒體開始感到有興趣是2009年的事。那時正是隨著Facebook及Twitter的使用者增加，社交媒體一詞開始普及化的時期。

　　史特茲納在美國網路媒體上受訪時曾提到，雖然關於社交媒體這個新工具的介紹書籍或媒體很多，但幾乎沒有人提到具體的活用方式[1]。

　　也沒有什麼這方面的專家能指導企業如何活用社交媒體的手法。發現到這點的史特茲納心想，「如果在網路上彙整專供商務人士的社交媒體知識，是否也能成為一種商機呢？」於是，他聯繫了熟識的作家及行銷專家，開始著手籌劃社交媒體的相關情報網站。

　　首先，先採訪行銷專家對社交媒體的使用及看法進行了徹底的調查。之後將調查結果整理成調查報告發表在自己的網站上，

獲得美國頗具影響力的新聞網站—赫芬頓郵報（The Huffington Post）報導，網站流量大增。

這成了史特茲納成立社交媒體相關專門資訊網站「Social Media Examiner」的契機。也確立了這樣的經營模式：以網站上的免費資訊為核心吸引人氣、增加粉絲，再利用號召業界知名人士主辦的財經研討會來創造收益。

HOW
建立彼此的雙贏關係

讓知名專業人士成為網站的幕後啦啦隊

在Social Media Examiner的營收中，經營研討會佔了很大的比例。該網站的讀者，同時也是對Twitter或Facebook行銷運用深感興趣的企業經營者。企業對Twitter或Facebook的運用，也是一塊新的領域，其Know-How尚未普及。 因此，想知道其他先進企業的相關運用事例、想與其他公司的行銷負責人進行意見交流的需求於焉產生。 因此，他為這些來自公司自有媒體的人們企劃了財經研討會，成功導向實質收益。

\Flow Diagram / **Business Model**

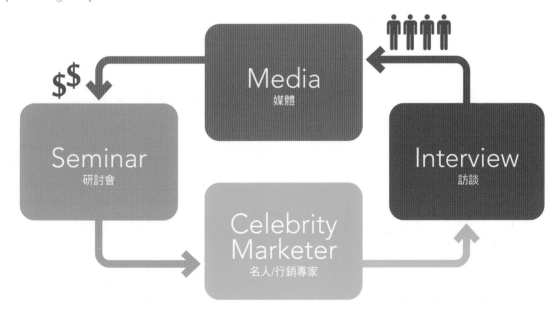

Social Media Examiner對業界的知名人士進行訪談，有效率地製作內容，成功強化了公司自有媒體的內容深度。

GC+OP-MM=G

Great Content　　　　Other People　　　　Marketing Message　　　　Growth

Social Media Examiner作為一個專門資訊網站，除了每天都會發表社交媒體的相關文章，為了吸引粉絲、也就是「想學習活用社交媒體的人士」所下的工夫也是隨處可見。

例如，有計畫地號召相關業界的知名專業人士，來擔任資訊網站的 "啦啦隊"。對於這些願意接受訪談或投稿至網站的專家們，亦提供其發表空間，讓他們可以自由地向讀者們宣傳自身的活動，做為回饋。向讀者發佈的內容沒有任何限制。

這樣的架構，讓這些專業人士得以在社交媒體愛好者雲集的園地進行消息的發佈，因而大受好評，許多專家們都樂於在Social Media Examiner亮相。不只是文章的投稿，透過Podcast的專家對談節目也固定每週一次免費發佈。

社交媒體的新功能不斷推陳出新，因此，讀者們（想活用社交媒體的人士）必須時常張開天線吸取新知。來自專業人士的最新資訊，就是極為有用的內容。

建構出了這套由專家擔任網站後援發佈資訊的流程，「Social Media Examiner是個能獲取社交媒體相關優質資訊的網站」的知名度在讀者群中提升了。結果，不但粉絲增加、且成為專家動員力的證明，帶動起良性循環。

Social Media Examiner的內容還有一個特色，那就是多數文章都非常淺顯易懂 [2]。為了來自四面八方、各個階層的讀者，十分重視內容的易讀性，拓展出更大的讀者群。

專業資訊網站若稍不注意，會發生所發佈資訊只有該領域的專家才看得懂的傾向。有些資訊雖然大企業的行銷負責人能輕鬆理解，但對中小企業經營者來說太難了。

為了解決這個問題，Social Media Examiner極力使用平實的文字、務必讓讀者即使快速瀏覽文章也能達到一定程度的理解。此外，也特別注重使用大量的圖像視覺解說，這麼一來就算不懂專業術語也能抓住大概的意思。

RESULT

僅僅一年就獲得大量讀者
營收超過百萬美元

　　透過這樣的用心經營，Social Media Examiner成立短短4個月內的訪客數就達到10萬人。根據前述的訪談，在1年內就獲得4萬名登錄會員，營業額超過百萬美元。

　　現在該網站的登錄會員已超過29萬人，Facebook粉絲頁的成員數約29萬6,000人，Twitter帳號的追蹤人數達到約18萬9,000人，在廣大的讀者支持下人氣持續不墜（截至2014年10月時點之數據）。其主要的收益來源為財經研討會的營運及電子報上的廣告刊登，在2010年時點的營業額為1億7,000萬元[3]。

　　由一介自由作家發現一個新領域、聚集了業界名人製作優質內容、催生了具高度影響力的新型態媒體。來自社交媒體共鳴的擴散，使這一切成為了可能。Social Media Examiner的例子，可說是內容行銷時代的典型象徵。

　　對於閱讀了優質內容而獲得共鳴的讀者來說，筆者撰文中所推薦的解決對策，比起寫在一般宣傳廣告中更能給人好感，筆者自身想對讀者說的話是如此、筆者出席的活動也會讓讀者更想去參加看看。

　　去判別出有需求、但供給卻還追不上的領域所需要的服務及資訊，設計出以給予目標顧客助益為前提的內容，最終必能獲致經營上的成功。

\ Data / **Result of Content Marketing**

 296000 like

 189000 follow

 290000 member

<參考文献>
1）Armstrong, J., "Interview with Michael Stelzner, Founder of SocialMediaExaminer.com, " http://www.getbusymedia.com/interview-with-michael-stelzner-founder-of-socialmediaexaminer-com/
2）杉原、「ソーシャルメディアと言えば、このブログ!」、ワールドビジネスブックフロントライン、http://world-businessbook-frontline.com/blog/foreign-blog/recommended-social-media-blog/
3）Weil, D., "Q & A With Michael Stelzner on the "Launch" of Social Media Examiner, " http://debbieweil.com/blog/qa-with-michael-stelzner-on-the-launch-of-social-media-examiner/

在信用第一的金融領域中打造高品質部落格
無名微型創業贏得信賴的理由

個人資產管理支援服務的領域，首重企業的信用。
激烈的競爭中，無名的微型企業卻能在2年內一躍攻頂。
其背後成功的關鍵在於優質有效的部落格內容及資訊圖像化。

PROFILE

公　司　名	Mint
設　　　立	2007年9月
負　責　人	Aaron Patzer
網　　　站	www.mint.com
營　業　內　容	個人資產管理服務

美商Mint是開發管理個人資產網路服務「Mint.com」的公司。 Mint.com能將銀行轉帳、信用卡服務、貸款、投資等項目在網站上進行一貫化管理。該公司以提供優質內容聞名，也因身為內容行銷成功先鋒而廣為人知。於2009年11月被美商Intuit所收購。

WHY
無名微型企業要克服的一堵高牆：
如何獲得信用？

Mint決定導入內容行銷的一大原因，是為了獲得使用者的信賴。該公司從事的個人資產管理服務，是以使用者願意提供銀行帳戶、信用卡、貸款、投資等個人金融資訊為前提。如果不能獲取這些資訊，就不可能進行資產管理，這是不言自明的。

那麼，會有使用者願意將自己重要的資訊情報，託付給才剛成立又默默無名的微型創業嗎？Mint在2007年創業當時，正面臨這樣的難題。而且，在個人資產管理這塊領域，有許多競爭對手正虎視耽耽。

以大型銀行為首，許多大大小小的企業都陸續加入網路個人資產管理開發的戰場。為了與競爭對手之間做出差異化，就必須提出對方所沒有的服務。並且，也必須要能獲得顧客的信賴。

只要使用者對交付自己的資產資訊有些許不安，就不會去使用Mint的服務。為了克服這道「獲得信賴」的高牆，該公司所採用的方法就是內容行銷。

\\Flow Diagram / **Business Model**

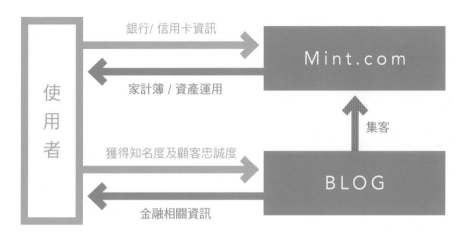

Mint透過部落格免費提供金融相關實用情報，成功獲得顧客對公司服務的知名度與忠誠度。

<u>HOW</u>
以年輕世代為訴求對象
提供金融資產實用資訊

那麼，Mint是怎麼開始內容行銷的第一步呢？首先，該公司確立目標客群為青年階層的商務人士。其理由是，他們發現針對年輕族群而撰寫的金融相關資訊內容，在世面上是相對少見的。於是，以青年商務人士為對象的部落格「MintLife Blog」成立了，開始提供個人資產管理的相關情報內容。

當然，部落格中所提供的內容並非宣傳公司的文字，而是將焦點集中在年輕世代會

感興趣的主題。例如，「雖然很想要但也許用不著的7樣家用品（7 Tempting Household Items You Probably Don,t Need）」及「大幅壓低結婚宴客場地費用的妙方（Savvy Ways to Slash the Cost of Your Wedding Venue）」等文章。對於年輕族群對於金錢方面會有的各種共同煩惱，以涵蓋多方面的主題加以探討。

Mint以快速的更新頻率提供優質實用的部落格文章，不僅是發表文章，也積極發佈幻燈片型式的簡報資料及影片、統計數據等，強調資訊圖像化的視覺呈現。

\ Pick UP / **INFOGRAPHICS**

將部落格文章資訊圖像化

\ Pick UP / **BLOG**

Mint的部落格「Mintlife Blog」。

\ Pick UP / **YouTube**

Mint的YouTube頻道。出處：「Mint.com」（YouTube）

尤其資訊圖像化能提升讀者的關注，在社交媒體上也易於分享。該公司的圖像資訊在社交書籤網站「reddit」及社交新聞網站「Digg」獲得高度人氣，在社交媒體的使用者中廣為流傳。

除了Facebook及Twitter、社交新聞網站，也善用其他的外部媒體。例如，製作年輕世代中擁有強大影響力的「Lifehacker」及「Gizmode」等類型網站的讀者們會感興趣的內容。果然，此舉獲得了讀者及人氣部落客們的良好迴響，在社交媒體中的口碑散播更廣。這些作法使得Mint的服務「Mint.com」流量備增。

Mint的內容行銷還有一點有趣的地方，是發送「網路徽章」。這是可以貼在外部部落格等地方、類似旗幟廣告的圖樣。在部落格貼上了這個圖樣，就能宣告該使用者是Mint.com的支持者。這對Mint來說是免費的宣傳、也是獲得大量被連結機會的優勢。

Mint的部落格經營在借助專業諮詢力量的同時，也雇用全職編輯及許多自由作家。因此得以提供這些高品質的內容資訊。

RESULT

2年內獲得200萬名使用者
成為個人資產管理業界的頂尖

Mint在開始內容行銷數個月以後，因優質的內容而廣受好評。贏得多數目標顧客的信賴，並因有價值的內容資訊獲得肯定。體驗過Mint資產管理服務的讀者，因感受到良好的服務，又會更進一步將好口碑散播出

去。結果便為Mint.com帶來了高度流量，在眨眼間工夫就站上了個人資產管理領域的頂尖地位。

根據美國某知名部落格調查，Mint.com的登錄者件數在2007年為10萬件、2008年為60萬件、2009年大幅上升至約200萬件（右圖）[1]。且在2009年期間，每天約有數千人的新登錄者[2]。以創業第2年來說是非常驚人的數字。在同時期開始提供服務的微型創業者陸續殞落中，Mint的資產管理服務急速成長，一枝獨秀。

2009年11月，Mint將Mint.com以1億7000萬美元賣給了從事金融業軟體服務的美商Intuit。在Intuit麾下繼續提供服務，在2013年3月時點，使用者達1000萬人，負責管理的貸款及資產達1兆美元。

由數字可以明顯看出Mint透過內容行銷成功獲得莫大的效益。急速成長的強大支柱，可說是將Mint.com由單純的網路服務更向上推進的「內容」所賜吧！

Mint利用優質內容的行銷方式提升了Mint.com的知名度，增加了使用者。雖然這已經是內容行銷的一大成功，但該公司不以這樣的成功停下腳步，繼續在這個匯集大量個人資產管理相關資訊、介紹金融資產相關基礎知識的園地，以內容辛勤耕耘。

「Mint」已成為信用至上的個人資產管理業界之代名詞，在這一點上，Mint的模式可說是內容行銷的理想典範吧！

\Data / **Mint.com登錄數的成長**

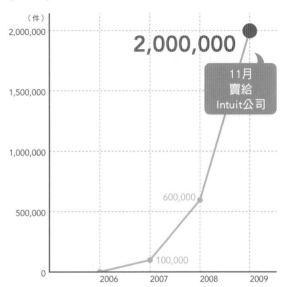

<參考文獻>
1) Skey, A., "Top 11 Most Powerful Content Marketing Examples By Small Businesses, " http://www.getspokal.com/top-11-most-powerful-content-marketing-examples-by-small-businesses/
2) Bulygo, Z., "How Mint Grew to 1.5 Million Users and Sold for $170 Million in Just 2 Years, " https://blog.kissmetrics.com/how-mint-grew/

以外部資源擴充財經部落格
以低預算獲得高效益的IT國際企業

經營企業用軟體的B2B IT國際企業，
以少人員與低預算成立的財經部落格小兵立大功。
不靠宣傳，憑著解決經營者的疑難雜症獲取新的目標顧客。

PROFILE

公 司 名	SAP
設　　立	1988年
負 責 人	Bill McDermott
網　　站	blogs.sap.com/innovation/
營 業 內 容	企業用軟體的開發、銷售及導入服務、諮詢等

德商SAP是一間大型軟體企業，其營業額僅次於美國微軟、Oracle甲骨文公司、IBM，為全球第四大。SAP美國分公司於2012年3月架設財經部落格「Business Innovation」，主要提供中小企業經營者相關實用情報，內容行銷頗具成效。

WHY
活用財經部落格去抓住
「不認識SAP的人」

　　SAP美國分公司決心利用財經部落格「Business Innovation」來導入內容行銷，大致有兩個原因。

　　第一，是向中堅企業、中小企業的顧客積極展現自家產品，已是SAP企業戰略的重要一環。該公司主力商品為大型企業用軟體，從以前到現在對於大型企業顧客的營業網已構築得相當完備。但是，在中堅企業、中小企業這塊領域尚未站穩一席之地。而當時中小企業界開始利用企業軟體雲端服務及開放原始碼之自由軟體，已是時勢所趨。

　　事實上，經由網路搜尋而來到SAP網站的訪客，大多是將「SAP」當作關鍵字鍵入而找到的。這表示搜尋者是從一開始就對該公司的產品感興趣。也就是說，像中小企業這種抱持著「為了解決公司內部的問題，開始來尋找企業專用軟體吧！」想法的目標顧客，幾乎沒有機會讓他們的目光停留在SAP的產品上。

　　另一個導入內容行銷的理由，是對一直以來採取的行銷手法感到懷疑。根據美國某

具公信力部落格對擔任SAP行銷／內容戰略的麥可‧布雷納（Michael Brenner）進行的訪談內容，他表示，有86%的電視廣告會被略過，44%的廣告信件不會被打開 [1]。網路也是如此，有99.9%的旗幟廣告不會被點擊，9成的電子廣告郵件直接被忽視。

對於發現到正在不斷錯失中小企業顧客群的SAP來說，與「不認識SAP的人」「雖然聽過SAP，但不知道它能提供什麼服務的人」拉近距離是當務之急。而且，隨著社交媒體及行動電話在現代生活中強大的滲透力，配合由「PUSH型」轉為「PULL型」的行銷環境，SAP本身內部也必須要有所革新。

以最低限度的資源
準備出橫跨多領域的內容

SAP美國分公司於2012年3月成立了財經部落格「Business Innovation」。該公司為了培育忠實顧客，在部落格中推出電子報的訂閱、活動通知、白皮書的發送等，備妥各種間接能促進讀者消費行動的手段，不過，絕不刊登自家產品的廣告或以宣傳為前提的文字，取而代之的是部落格主要讀者（也就是經營者及商務人士）會感興趣的相關文章。

\ Flow Diagram / **Business Model**

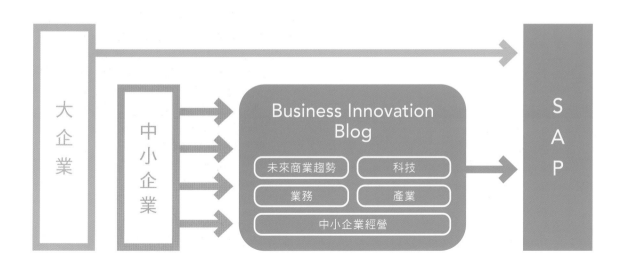

具體而言，就是在「使用怎樣的技術才能讓業績成長？」、「經營革新的必要步驟」等主題下，將焦點放在經營者及商務人士所渴望瞭解的資訊需求，詳加撰文。

例如，有這樣一篇標題為「開個更有效率的會議（Make Your Meetings More Successful）」的文章，相信就能引發那些為太多冗長會議所苦的上班族群的興趣。

在部落格上方的欄位中，有「科技」、「未來商業趨勢」、「產業」、「中小企業經營」等文章分類目錄，在各目錄項下更細分出延伸的副標題，內容十分詳盡。無論是對尋找技術性情報的讀者、或是對想一口氣徹底弄懂相關資訊的讀者，都能積極展現其涵蓋多方領域的豐富性。

除了重視文章的品質，亦重視文章發佈的數量。根據美國一位為SAP部落格撰稿的專業人士所言，該公司的每日文章更新數已由初期一天8則增為18則，2013年整體文章數較前一年增為5倍[2]。而在發現到部落格的訪客來源約有半數是來自手機時，也即刻推出了行動版頁面。

話雖如此，卻並非是以大企業那種無預算上限的人海戰術來經營部落格，而是由幾位部落格的小組成員、在預算及人力都有限的情況下頻繁地持續更新著高品質的文章。

「能夠做到這一點，跟SAP積極活用外部資源有關。」布雷納在其他媒體上曾如此說道[3]。

\ Flow Diagram / **Business Model**

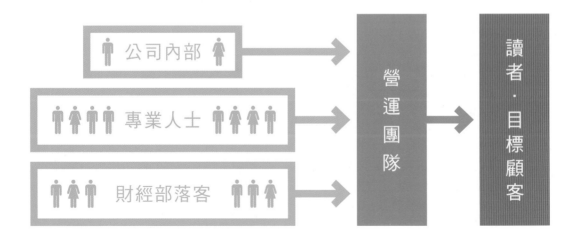

\Data / **Business Innovation 部落格的成果**

期間：2012年4 ～ 10月

Reach

574,676

Page Views

Engagement

4.19 Min

Time Spent

Conversion

480 Clicks

SAP Store

Organic

79%

Non-SAP Terms

出處：「Proof of The Power of Content Marketing」（SAP Business Innovation）

因為如此，可以最低限度的內部資源持續發佈高品質的文章。

整個部落格的內容約有8成文章是由外部的專家所撰寫，並有兩種情況，一種是將外部專家的撰文由內部的編輯者進行編輯後，以SEO（搜尋引擎優化）方式提升網路搜尋時的能見度；另一種則是將刊登於外部媒體的文章加以轉載。兩者皆是藉由口碑的擴散，在社交媒體上將文章的連結分享出去。雖然公司內部也有專家執筆，不過身處於SAP這樣規模的大型企業中，在其繁忙的本業外要再撰寫文章有其困難度。

RESULT

內容行銷直接反映於銷售額 推廣至全球各事業體

SAP美國分公司以內容行銷打了一場漂亮的勝仗。

一個月內的訪問者人數達24萬人以上，其中12000～15000人是透過網路搜尋找到網站 [2]。一個月的點閱數約為40萬頁面，每人平均停留時間為4.1分鐘。點閱數中有10%是透過社交媒體而來 [1]。

財經部落格的效果也反映在銷售額上。部落格的讀者前往SAP的網站（SAP.com）點擊產品訊息的比率為15%，進一步按下購買鍵的情況也不少。在開始2個月，營收就已達到部落格成立費用1萬5000美元的6倍 [1]，投資成本可說達成了120%的回收。

SAP美國分公司成功的內容行銷經驗，如今已推廣至全球的SAP事業體。SAP的財經部落格可以說是B2B內容行銷的最佳範例。

<參考文獻>
1) Odden, L., "Content Marketing: Why to How with Business Innovation from SAP, " http://www.toprankblog.com/2012/10/content-marketing-why-how/
2) Giannattasio, T., "How SAP's Business Innovation Blog Leverages Content Marketing To Increase Digital Reach, " http://blogs.sap.com/innovation/sales-marketing/how-saps-business-innovation-blog-leverages-content-marketing-to-increase-digital-reach-01247898
3) Miller, J., "Content Marketing Q&A: SAP's Michael Brenner, " http://www.scribewise.com/blog/bid/338793/Content-Marketing-Q-A-SAP-s-Michael-Brenner

How-To
GUIDE

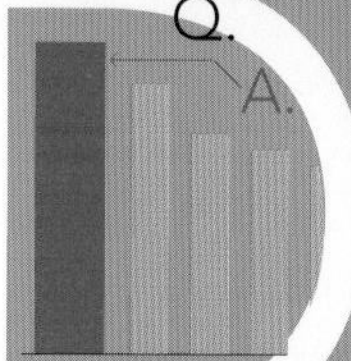

實
踐
篇

該如何力行
「不去推銷商品」？

本章將介紹執行內容行銷具體的步驟、手法。
需要怎樣的團隊才能確保持續地經營？
要設定怎樣的目標、如何運用？
讓我們來看看更詳細的實踐方法。

踏出內容行銷的第一步

如何建立實踐內容行銷的體制？
打造一個易於執行流程的團隊

在第一章及第二章中，介紹了關於「為何內容行銷正當道」、「內容行銷有何目的、效果」、「先進企業如何實踐內容行銷」。那麼，實務上在導入內容行銷時，有什麼必須注意的地方呢？在第三章中，進一步就內容行銷的運用面為大家解說。

內容行銷的運用上最為重要的兩件事，就是「持續性」與「即時性」。以寫部落格來說，如果只是3分鐘熱度，沒有持續地更新內容，讀者就不會一直造訪。要有意識地保持「持續地行動」及「即時性」，必須先建立一個易於具體執行的「架構」。

內容行銷的實踐流程，由以下5個要素所構成：

① 內容戰略／企劃

② 內容製作

③ 發佈、運用

④ 回饋（讀者的反應、意見）

⑤ 分析

為了這個流程能持續運作，必須要有稱職的人才，可能的話最好建立出一個團隊的體制。為了做到這點，經營層必須認識內容行銷的重要性，將其視為事業計畫的一部分來看待。

團隊的成員不一定要100%專職於內容行銷，兼任其他的業務也沒有關係，這樣子反而還比較容易發現內容的材料與靈感。

■■ 內容行銷的實踐循環

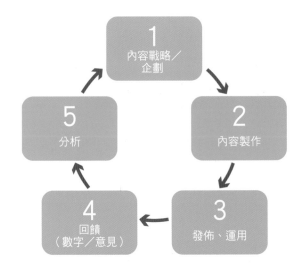

1 內容戰略／企劃

2 內容製作

3 發佈、運用

4 回饋（數字／意見）

5 分析

⊠	B2B	B2C
內製	56%	51%
外包	1%	2%
兩者皆有	43%	47%

出處：「B2C Content Marketing: 2014 Benchmarks, Budgets, and Trends-North America」「B2B Content Marketing: 2014 Benchmarks, Budgets, and Trends-North America」（Content Marketing Institute）

團隊的中心，為統籌整體的內容戰略負責人。在選擇成員時，可以尋找「善於企劃」、「擅長與其他部門交涉」、「深諳廣告宣傳」、「製作（文章執筆、圖像或影片製作、編輯）能力強」、「有網路效果分析方面的知識技能」、「對產品、服務相當瞭解」等分別具備不同能力的員工，橫跨各部門徵選人才，最為理想。非隸屬於團隊的員工，可以請他們協助資料的提供與內容收集。將其視為公司全體的政策，讓每位員工意識到自己也能貢獻一份力量，是相當重要的。

哪些部分要內部製作？
哪些部分要委託外包？

內容行銷想要走得長遠，對於內容

製作與運用等一部分業務是否要委託（outsourcing）給關係企業、或自由業者的體制，也必須加以探討。

根據內容行銷相關業界團體－美國CMI（Content Marketing Institute）的報告中指出，在美國執行內容行銷的B2C的企業中，委外的情況相當少見。不過，有47%是同時兼採內部製作與外部委託。B2B企業也幾乎差不多以43%的比率兩者並用。中小企業大多是僅採內部製作，大型企業較有同時委外製作的傾向。雖然也要視內容行銷的投入預算、團隊人數等情況來判斷，不過若能將可分擔的業務交給外部的夥伴來處理，也是讓內容行銷能順利持續的重要決策。

在這份報告中，也有關於委外業務內容的調查數據。B2C與B2B企業的委外業務前三名同樣是「編寫文章」「設計」「發佈內容」。編寫文章及設計是最容易外包的業務，也很直接能反映在內容品質的提升上。這是很多企業委外製作的原因。

也有企業將「內容的企劃／戰略」委託外部。只是內容的企劃是整個內容行銷的主要支柱，比起完全外包，還是建議由內部人員分享靈感及企劃，再與外部人員共同完成比較好。無論委託外部何種業務，全體的統籌、管理還是應由公司內部來執行，以期能準確地達成內容行銷所設定的最終目標。不要全權委託外部人員，應彼此密切地交流企劃及作品的資訊，共同實踐內容行銷是比較推薦的作法。

在第一章及第二章中，提到內容行銷與傳統行銷方式相比，平均獲得顧客所需花費

單位成本大幅下降。但是，並不是完全沒有成本。除了人事費，還會發生內容製作費、IT相關平台及工具使用費、外包費等。根據前述的CMI報告，在整體行銷費用中內容行銷費用所佔的比率，在B2C企業平均達24%，在B2B企業平均達30%。

　　右頁的圖中，將內容行銷的主要費用項目列出一覽表。當然，這份列表會隨著「製作內容的種類及更新頻率」、「委外製作或內部製作」、「使用的平台及工具」的不同而改變，有些非必要項目也羅列出來、隨著條件不同所需預算也可能大相逕庭。不過可

以注意這些變因，依本身公司情況來研究大概需要準備多少費用。

內部發表在哪裡較好？
自家媒體或外部平台？

　　與內容製作的體制建立、確保預算要同時並行考慮的是關於內容的發表。製作出來的內容要在哪裡發表才是最有效果的呢？內容行銷最理想的形式，是架設自有媒體，在上面將內容永續地累積下去。這樣的作法有兩大優點。

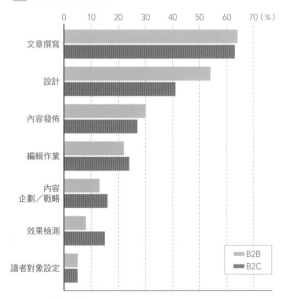

■ 委外業務比例

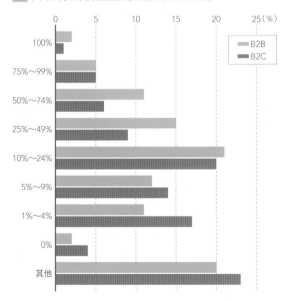

■ 內容行銷佔整體行銷預算之比例

出處：「B2C Content Marketing: 2014 Benchmarks, Budgets, and Trends-North America」「B2B Content Marketing: 2014 Benchmarks, Budgets, and Trends-North America」（Content Marketing Institute）

首先，因為文章是發表在由自家公司管理的獨立空間，所以不會被外部平台發生的狀況所影響。然後，也可以設計專屬公司企劃的系統。例如有「希望意見欄及下載的內容可以自由配置」、「希望結合電子商務服務」、「希望建立社群」等需求時，有自己的媒體就容易對應。尤其是像部落格文章發表平台系統，建議由自家公司來建立。像是Ameba Blog或Livedoor Blog這類型的免費部落格，適合私人使用，不推薦財經方面的用途。

因為外部平台會發生意料之外的情況，例如：部落格系統的營運公司因某些原因停止服務，或因規約變更等不得刊登業務方面內容，這些都是有可能的。這種情況下，必須將內容移至別的服務平台，且要重新安排對應搜索引擎的功能等，長期以來累積的成果恐怕化為烏有。若從長遠來看，以自有媒體打造系統還是比較讓人放心。

但另一方面，依內容種類的不同，有時利用外部平台會獲得較好的效果。像是上傳影片到「YouTube」、「Vimeo」等現有影片服務網站較容易吸引大量觀眾。就費用成本來看，由公司自己來建立影片發佈的平台也不太合乎現實面的狀況。在將上傳至外部影片網站之影片內容刊登在自有媒體上時，使用該網站所生成的網址。這樣可以避免一則影片的觀看次數分散，此外，也有特別針對音樂（聲音）發佈的特殊服務。配合內容的特性，試著去找出自有媒體與外部平台最適當的搭配方式。

■ 內容行銷的費用項目

初期費用

網站架設

工具使用費
（發送電子報的軟體、CMS、網站點閱分析工具等）

流程操作、導引製作費用

內容製作費用

企劃費用

原稿費　　編輯　校稿費

HTML 編碼／DTP 排版

圖像製作　使用費　　影片製作費

廣告費用

商品陳列式廣告

社交媒體廣告　　原生廣告
（Native advertising）

其他

研習費用（參加研討會等）

SEO 政策　　諮詢費用

從增加內容讀者的集客面來看，網路檢索及社交媒體分享是兩個重要的途徑。尤其近來Facebook與Twitter等社交媒體的重要性日增，應考慮加強一些措施，讓看了內容的讀者能易於在社交媒體上分享。

例如設置能分享至社交媒體的分享按鍵、或將內容自行發表至社交媒體等方式，都可以跟自有媒體的運用齊頭並進。在社交媒體上的分享進而引導讀者來到自有媒體，我們可以把它想成是內容行銷的基本概念。

更進一步地，也可以研究將文章發表至其他的媒體。透過在其他的媒體上刊登文

章，就有機會接觸那些平常不使用社交媒體或關鍵字搜尋的人們，提升他們產生注意與興趣的可能性。

尤其文章若能刊登在產品相關業界有公信力的專業媒體，也可以因此獲得信賴。

內容行銷的「ROI」為何？ 配合最終的目標設定檢測投資效果

一般所謂的ROI（Return On Investment：投資報酬率）是為了計算「跟投資相比獲得了多少利益？」所設的指標。指標愈高，就表示與投資額相比獲得的利益愈大。

內容行銷該怎麼計算ROI呢？

事實上，內容行銷對於營業收益的貢獻是很難直接評量的，除了難以將其對營收的影響數據化，從接觸內容到實際購買的過程有時也需要數個月的時間。

在執行內容行銷時，必須要配合目標設定來檢測投資的效果。其ROI大致可從以下3項指標看出：

· 來自內容行銷的營收

· 來自內容行銷的費用節約效果

· 來自內容行銷的顧客維持

■ 以商務部落格為中心帶動延伸各種內容

■ ROI 是什麼

$$ROI = \frac{利益}{投資額} \times 100$$

不僅只從營收面來看，廣告宣傳費用的節約、顧客維持的效果如何，也希望能加以檢視。具體而言可以驗證以下指標：

□ 內容行銷對營業收益是否有貢獻

如同前述所言，要確認「接觸內容的讀者最後是否有實際購入」是相當困難的，但是，當商品是在網路上銷售時，可以利用網站點閱分析工具，查看在購買之前所瀏覽的網頁流程紀錄。如果能追蹤接觸內容者的購買行動，就可以得知與營業收益有所連結的內容為何。如果無法獲取這方面的數據，再參考其他的指標。

□ 是否因此獲得讀者的資訊

以下載資料、會員登錄、電子郵件登錄、意見欄是否能獲得讀者資訊為指標。在登錄表格的設計上，務必讓讀者能填入「姓名」、「公司名」、「電子郵件信箱」、「電話號碼」、「業種」、「企業規模」等資訊。尤其像是B2B企業這種並非立刻會決定購買、在接到洽詢才能開始進行業務應對的情況下，讀者資訊的獲得便是十分重要的指標。

讀者資訊不只要看數量，登錄時填入的項目數、資訊正確與否、最後是否有進入購買流程等，從這些要點來判斷資訊品質相當重要。獲得一件讀者資訊的平均花費成本，可將「製作內容相關費用」除以「讀者資訊獲得件數」來計算得出。與其他獲得讀者資訊方式之成本相比，驗證是否有因此降低廣告宣傳費用。

□ 內容是否有被善加利用

利用網站點閱分析工具來檢測內容散播涵蓋人數、被多少人所閱讀、回訪人數（顧客的興趣、關注的維持度）等，以定量化的數字呈現。

例如，像是「網頁閱覽次數（Page View）」、「訪客人數（Unique User）」、「訪客停留時間」、「訪客在點閱第一頁後就離開網站的比率（跳出率）」、「回訪者的比率（回訪率）」等。這些數字是內容的KPI指標，只要按時序以「週／月／季／年度」來調查其變化，就能以顧客維持的觀點來與其他政策比較，評量投資效果。

□ 社交媒體上的分享

雖然要利用內容在社交媒體上的分享數值為基礎來測量ROI並不容易，但這是評價內容品質的重要指標。若能掌握來自社交媒體的點閱狀況，搭配上述3項指標來看，就能評價出內容行銷對於營收的貢獻、費用節約效果、顧客維持狀況。

內容行銷的成功5步驟

要實踐內容行銷，大致有基本的5個步驟。首先是目標的設定。確定目標是決定政策方向的第一步。接著，再儘可能具體地設計內容訴求的對象屬性，最後再實際設計出適合的內容。有計畫性地持續運用，最後以配合目標需求的指標來對成果進行數量化分析是重點。

Five Steps To Succeed Content Marketing

1

Setting Goals

設定欲達成目標

內容行銷，即透過提供對顧客來說有價值的內容，加強顧客對商品相關領域的關注，最終促進銷售額提升的方式。如果能以實用的內容獲得支持者，不僅可提升目標顧客的購買意願、進而回購商品，也能間接提升企業予人的信賴感。

想要成功運用這樣的做法，首先最重要的第一步就是設定適切的目標，並配合此目標來準備策略性的內容。目標不一定只能設定一個，只要能依據內容互相搭配即可。在此介紹幾個目標設定的例子。

加強品牌知名度

以微型創業及新商品來說，加強品牌的知名度是主要的目標。即使沒有在內容中明顯秀出公司名或商品品牌，但只要能持續發送高品質的內容，讀者仍會逐漸注意到公司及品牌名稱的。例如，當你在網路上搜尋某些資訊時，如果發現到正確、符合需求又淺顯易懂的文章時，會有什麼感受？是否會覺得開心甚至懷著感激之情呢？當讀者發現到優質內容，不但會記住此情報來源以便作為下次參考，也會對內容的提供者抱持正面肯定的好感。相反的，若內容品質低劣，企業的專業度會被懷疑，可能會被認為是不安全、令人不想與之來往的公司。

培育顧客以獲得讀者資訊

經由資料下載或電子報的登錄等方式獲得讀者相關資訊（姓名、公司名、連絡地址等）的做法，是內容行銷重要的目標之一。若能持續提供讀者適切的內容，就有可能進一步促使目標顧客考慮是否購入商品。

參與度的增加

為了使品牌知名度提升至更有意義的層次，也可以將透過內容強化與大眾之間的連結（參與度）設定為目標。尤其是社交媒體的發文機制，很適合做為與大眾交流的媒介。

提升現有顧客的忠誠度

會持續購買同品牌商品的人就是高忠誠度的顧客。執行內容行銷時，提升現有顧客的忠誠度也是重要目標。針對已經購買本公司商品的顧客，若能準備充實的內容做為客戶服務的一環，顧客也能更加地善用商品，進而獲得更高的滿意度，就結果看來，公司便能獲得忠實的回購客。

成為意見領袖

因為內容的發佈而成為令業界人士追隨的意見領袖，這也是目標之一。身為專家，必須擁有掌握未來的優秀洞察力。尤其B2B企業持續地發佈資訊能因此獲得信賴感，易於與競爭對手做出區隔。

2 設計訴求屬性（目標對象）

Designing Personas

　　內容行銷若不能站在讀者的立場去企劃、製作內容的話，就無法提供有價值的資訊。在內容行銷團隊中，讀者屬性必須明確地加以確認。

　　所謂對象屬性，是設定一個購入商品或服務的假想人物樣貌。該人物的基本資料必須詳細設定，經常去意識「他／她對於這樣的內容會有什麼反應？」，有助於製作出適切的內容題材。捨棄「似乎會是目標顧客…」的模糊設定，要具體的設想「對象為A先生／小姐」來進行內容的製作。

1 設計對象屬性時必要的調查

PHASE

　　在設計對象屬性時，首先要針對對象讀者群進行多方面的調查。具代表性的調查方式有：與顧客對話、問卷調查、現有顧客數據分析等。以這些調查結果為基礎，可以在設計對象屬性時做為具體資訊及數據的一部分。

2 設計對象屬性

PHASE

　　在收集好調查數據後，透過調查結果設定目標對象的性別、年齡、性格等屬性，並假設其一天的生活模式與公司之間的關係等細節。將設計完成的人物樣貌加以複核、審視後，進行實驗性的內容試作。接著再行調整，完成對象屬性。

3 設計對象屬性的優點

PHASE

　　建議依主要目標顧客的屬性來

設計數個對象模型。但如果太多的話會無法集中目標，所以設定2～3人就夠了。在團隊中達成具體讀者樣貌（＝潛在顧客）的共識，去設想該對象屬性的行動，就較容易準備符合讀者關注與興趣的內容。因為有具體的形象，所以能夠製作出目標對象喜愛的內容調性及種類。

■ 女性目標對象的設計案例

現在的狀況

開始感受到肌膚的老化。但是找不到適合自己的化妝品，已經厭倦去嘗試各種各樣的品牌，呈現半放棄的狀態。

希望有更天然、對肌膚不造成負擔的產品。

仍繼續追求身為女性的美感，希望30歲以後著更為豐富、活力十足的人生，繼續朝這樣的目標努力。目前積極進行相親、聯誼等邁向婚姻計畫的活動。

- 年齡：30幾歲
- 性別：女性
- 職業：公司職員
- 興趣：旅行、瑜伽、芳香療法

感興趣、關注的關鍵字

●肌膚保養 ●化妝 ●美肌 ●抗老化 ●有機 ●天然 ●抗紫外線 ●卸妝 ●礦物質粉底 ●神經醯胺 ●維他命C誘導體 ●青春痘 ●保濕等

資訊收集來源：

雜　誌：『Domani』『VERY』『MAQUIA』『ST』『bea's UP』

[STEP]

Create Content Map
設計內容

完成了顧客的屬性設計後，就能據以準備內容了。加拿大的行銷支援企業—Powerd by Search提出了將購買階段分為「認知」、「評價」、「購入」3層面的內容整理方式。

認知面

PHASE

處於認知面的顧客，是指在收集情報時，只是偶然發現你的內容的情況。在這個階段，就算進行推銷的話也不會有成效。此時所需要的是關於業界的一般介紹文章、初學者導覽、介紹影片、用語解說等資訊。透過準備好顧客想知道的情報，提升顧客對公司品牌的認知度，增進公司處於該業界的信賴度。這是內容行銷中最重要、應多加準備豐富資訊的層面。雖然已多次提及，但還是要跟各位重申，在此時要先將自己公司的商品及服務暫放一邊，完全以顧客立場

思考有用的資訊為主。

評價面

PHASE

處於評價面的顧客，會著手調查產品或服務是否符合自己的需求、與其他公司進行比較。在這個階段，為了讓顧客肯定本公司商品是最適當的選擇，必須加上使用者案例或產品比較等內容，專業度也必須更為提升。

購入面

PHASE

處於購入面的顧客雖然已經有購入的打算，但尚缺臨門一腳，還在尋找關於免費試用版或折價等資訊。在B2B企業的情況，差不多已是請對方提出報價的階段。

■ 購入概念

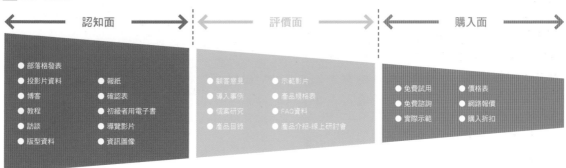

出處：「Connecting Content Marketing to the Buying Process － 35 Offer Ideas」（Power by Search）

編輯行事曆的製作與運用

至今已多次提到，內容行銷是個長期的活動。但是，從開始後數個月內就停止更新的例子不在少數。內容行銷發佈訊息的種類十分多樣，發佈前的準備作業項目也很多。

為避免對更新內容產生挫折感，每個月整理好內容公開時間表的「編輯行事曆」，進行有計畫的安排是很重要的。

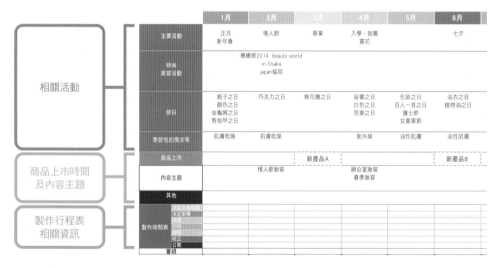

		1月	2月	3月	4月	5月	6月
相關活動	主要活動	正月 新年會	情人節	畢業	入學、就職 賞花		七夕
	時尚 美容活動		療癒祭2014 beauty world in Osaka japan·福岡				
	節日	梳子之日 顏色之日 金龜婿之日 剪指甲之日	巧克力之日	棉花糖之日	祕書之日 白色之日 惡妻之日	化妝之日 百人一首之日 護士節 女童軍節	浴衣之日 植物油之日
	季節性的需求等	肌膚乾燥	肌膚乾燥		紫外線	油性肌膚	油性肌膚
商品上市時間及內容主題	商品上市			新產品A			新產品B
	內容主題		情人節妝容		辦公室妝容 春季妝容		
	其他						
製作行程表相關資訊	製作時間表	決定文章架構 決定架構 採寫 初稿 校正 公開 審視					

經營美容、化妝品相關產品企業的內容行銷時間表設定範例。
配合相關活動或商品的上市日期，來決定發表內容主題的時程

行事曆的取得方法

行事曆可以在網路上下載範本使用，有的網站免費提供可下載的檔案格式，只要利用「行事曆下載」等關鍵字來搜尋即可。如果行事曆中的內建項目有不足的地方，可以自行修改使用。

也有的範本內建了各式各樣的項目，不過考慮到日後永續運用，選用簡單一點、較清楚明瞭且易於更新使用的格式為佳。

利用行事曆來使企劃更完美

在行事曆中不但可以依日期放入預定發表內容，也可以詳細編入內容訴求對象、製作負責人、發表的平台、複核內容的截止日等。並建議由內容行銷團隊的所有成員共同分享該訊息，除了日程管理，以一個月、半年、一年等為單位建立內容計畫也相當重要。在行事曆上寫入可望成為時下話題的重要活動、業界盛事、商品上市日等資訊，也有助於即時發佈內容的事先規劃。

Measuring KPIs

檢測KPI（重要業績指標）

最後是利用內容行銷的KPI來評價在STEP1所設定目標的達成度。改善這些數值，能使成果更加顯著。

■ 提升品牌知名度

如果目標是在提升潛在顧客及目標顧客對品牌的認知程度，那麼製作的內容是否有閱讀的價值？是否能在顧客腦海留下深刻印象、並想要分享出去？就會是評價指標。具代表性的有「網頁瀏覽數」、「社交媒體分享數」、「停留時間」等。

■ 評價內容行銷的指標例子及調查方法

指標例	調查方法
頁面瀏覽次數	網頁點閱分析工具
不重複使用者	網頁點閱分析工具
停留時間	網頁點閱分析工具
連結來源、關鍵字搜尋	網頁點閱分析工具
電子郵件會員登錄數	電子郵件會員管理
社交媒體追蹤數	各個社交媒體
內容分享次數	分享鍵

■ 讀者資訊的取得

如果目標是從下載資訊、電子會員登錄來獲取讀者資訊、希望該資訊與銷售額有所連結，那麼就要評價是否獲得了有效的讀者資訊。例如「獲取讀者資訊數量」、「登錄內容是否完備而正確」、「本公司設定的目標顧客與登錄者資訊的差異」、「讀者資訊有多少實際進行購買行為」可成為評價指標。

■ 參與度的增加

如果目標在透過內容與顧客交流，就要評價內容及社交媒體是否有實質加深與顧客之間的連結度。在這樣的情況下，能看出讀者反應的「在社交媒體上的讀者交流狀況」、「社交媒體上的留言及部落格意見欄的填寫」、「公司官網的回訪率」可做為評價指標。

■ 提升現有顧客的忠誠度

如果目標在提升現有顧客的忠誠度，顧客多久會回購一次、每次購買金額的變化會是重要的評價指標。此外，不只是特定商品，顧客是否會購入相關商品、或暢銷商品，也值得注意。其他像是社交媒體上的開箱文數量及內容、商品瀏覽次數及使用意見也是將忠誠度定量化時的重要著眼點。

■ 成為意見領袖

如果目標在成為業界的意見領袖以獲得信賴，那麼評價指標主要看來自業界、非業界的企業或組織前來請教的次數多寡。例如是否有媒體來採訪報導、是否有活動演講委託等，都是檢測達成度的指標。

依關鍵字來看
內容行銷
實踐法

接下來要介紹的是實踐內容行銷各個手法的特徵及運用訣竅。在執行內容行銷時，建議讀者們在瞭解部落格及社交媒體等各種媒體的特性後，再製作適切的內容。另外，不要只專注於一種媒體，同樣的內容可以橫跨多樣媒體來運用。例如在完成形象影片後，可以放在部落格上並撰文解說，也可以放上社交媒體分享、或在電子報中介紹，重要的是將資訊儘可能的傳達給更多的人知道。

Blog 〔部落格〕

部落格是內容行銷方案執行中最重要的一環。
雖然經營上耗費心力及成本，
但也因此能獲得同等實在的信賴感。

部落格
是內容行銷的核心

作為企業行銷政策一環的部落格，也被稱為「企業部落格」、「商務部落格」。部落格的文章包含了各式各樣的內容，像是文章、圖片、影片、外部網站連結等。

如果部落格文章只發表一篇就結束，那就沒有太大的意義，必須要定期持續地發佈文章才能看到成果。而且，持續累積的文章更利於新讀者能透過網路搜尋找到內容。首先利用一年的時間，定期地持續更新部落格吧。如此一來，應該能漸漸看到從部落格到公司網站的流量增加、來自部落格的洽詢等、間接提升營收的徵兆。部落格可說是內容行銷的核心措施。

部落格很適合與Twitter或Facebook等社交媒體共同運用，搭配得宜的話可使企業的資訊發佈能力更加提升。藉著讀過部落格文章的人分享至社交媒體，可使原本並沒有那麼感興趣、未特別關注的人們也能接收到情報資訊。

為了使部落格能具有參考價值，獲得大量的分享，部落格所發表的內容品質是重要關鍵。高品質的內容，必須要有讀者想知道的資訊，並發展自己的特色，期許達到「只此一家，別無分號」的獨特性。若能積極地發佈本部落格才有的獨家消息，除了取得讀者的信賴，也較易獲得顧客上門的機會。高品質的內容能與其他競爭對手做出差異化，也可能成為目標顧客最終考慮購入商品的理由。

相反地，如果製作出觀點偏頗、理論根據不可靠的文章，或提供錯誤情報、或拿曾經在別處發表的文章重新編輯再刊登，這樣品質不佳的內容，可能會使讀者降低對企業的好感度，危及信用。以企業身分經營部落格的時候，必須拿出跟個人部落格截然不同的高水準、琢磨發表的內容。為了做到這點，需要依「內容行銷的成功5步驟」中所介紹的目標及對象屬性來企劃內容。

到底怎麼樣才能寫出吸引人的部落格文章呢？給文章一個好的標題，並條列式敘明重點是個好方法。另外，善加利用照片或圖表，以豐富視覺呈現也有很好的效果。

決定關鍵字
放在部落格的重點處

讀者會找到部落格，大致經由兩個來源。一個是谷歌或雅虎這類網路搜尋引擎，另一個是社交媒體的分享。

為了讓透過搜尋而來的流量更多，將適當關鍵字放入內容，並置於重點位置。如此一來，在搜尋結果就能位居前列，便於讓關注相關主題的人（會成為目標讀者的人）發現。若能提供充足的資訊給透過搜尋而來的人士，該人士再度來訪的可能性就會增加，也許還會在社交媒體上分享。經由搜尋而成為固定讀者，然後再介紹給其他人而帶來新讀者，這是最理想的模式。

想增加由搜尋而來部落格的流量，將事先決定好關鍵字的文章做為重點發表，是有效作法。右圖是從「葡萄酒」聯想的關鍵字範例。先找出與業務相關、且讀者可能會搜尋的詞彙。若能意識到關鍵字來加強充實內容，不必支付搜尋連動型的條列式廣告費用，就可以增加讀者透過一般搜尋前來部落格的機會。

■ 部落格關鍵字運用產生的效果

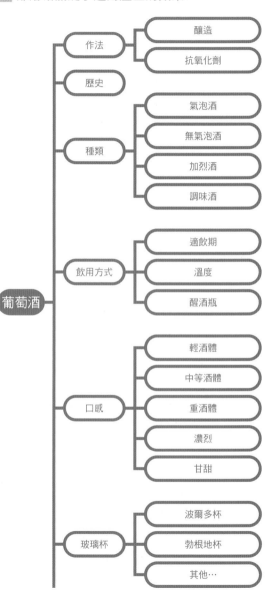

部落格的關鍵字
不宜放入公司名或產品名

在選擇部落格關鍵字時，使用公司名或產品名的效果不彰。為什麼呢？因為會以公司名或產品名來搜尋的人，表示已經知道這家公司或產品。這時會出現的搜尋結果會是公司官網或購物網站，不會是部落格。

有些想解決的問題或想調查某些資訊而進行搜尋的人，常會用數個關鍵字來搜尋。像前述葡萄酒的例子，其中一個關鍵字是「酒的飲用方式」。以這個關鍵字找到網站的人，很可能想瞭解酒的飲用方式。如果透過搜尋發現了記載著詳細飲酒方式的部落格文章、對該內容有共鳴而覺得具有參考價值，就會對經營該部落格的公司及其商品感到有興趣吧。接觸到優質內容的讀者會對經營者有以下的感受：「果然是專業的公司才有這麼嚴謹的內容」、「雖然我沒聽過這家公司，不過做出這麼詳實的內容，應該值得信賴」像這樣，使企業成為內容的附帶情報，進入讀者的腦海。也就是說，在推銷商品及公司名稱以前，讀者就已經能透過內容認識企業了。

留意搜尋關鍵字
將相關內容集中火力發表

在差不多決定關鍵字了以後，首先先調查一下利用該關鍵字搜尋時會出現哪些資訊。例如「英語會話」、「減肥」等搜尋結果，會有許多競合資訊，因為有許多企業投注大量廣告費於此，後來者要爭取在搜尋結果名列前茅相當困難。為了拓寬層面，要是使用過於模糊的關鍵字—例如將英語會話改為「溝通」、減肥改為「美容」—恐怕會出現更多的競合資訊造成反效果。因此，只要使用鎖定目標顧客層的關鍵字即可，例如，將英語會話改為「醫療英文」、減肥改為「產後瘦身」等。

但要是設定的關鍵字太特殊、被搜尋可能性很低的話也沒有意義。因此，應該要想像所設定的對象屬性在什麼情況下、會利用什麼樣的關鍵字搜尋，再來選定關鍵字。

設定好關鍵字、並且比那些位居搜尋結果上位的網站提供更優質的內容，相信可以看到自家的部落格會在搜尋排行中漸漸上升。

決定好關鍵字後，要特別留意使用在部落格中。例如事先準備好解說該關鍵字的文章，當其他文章中有出現該關鍵字詞彙，便貼上解說文的內部連結，這麼一來，部落格內的資訊就能形成循環。可以的話，在部落格開始運作的前1～3個月，至少每週都要集中火力，進行2～3次關於該關鍵字的內容更新。如此可以讓對該主題有興趣的人及早發現，也可以在最初階段就開始累積與關鍵字相關的內容。

架設部落格具體來說有兩大方式。第一個是利用「Wordpress」或「Movable Type」的部落格用CMS（內容管理系統）自行製作。另一個方式是利用「Ameba Blog」或「Hatena Blog」等網路空間的部落格服務。

使用部落格服務的優點，是即使沒有IT系統方面的知識也能輕鬆上手，而且免費。但是在發表內容的自由度上較低，限制也較多。例如「準備了下載用的資料，希望讀者在下載時能填入個人資料」這樣的想法幾乎無法實行。因此，在內容行銷上難以徹底活用。

而相對地使用CMS的話，機能運用上有高度的自由，能設定私人的網域（URL）也是一大魅力。如果以企業角度來看，建議使用CMS來經營部落格為佳。在本書中將為大家介紹以Wordpress來架設部落格的作業流程。

用Wordpress架設部落格需要IT系統方面的知識

Wordpress是部落格製作專用的CMS（Content Mansgement System；內容管理系統），是一開放原始碼的自由軟體。因此，世界各國的許多開發者都將設計部落格用的版型（Wordpress中稱為「主題」）及客製化的插件（Plug-in Software）發表在網路上，多數免費供人使用。

用Wordpress架設部落格需要先準備網路伺服器。並且還需具備關於「PHP」、「MySQL」等IT系統相關知識。部落格也可以附設在現有的公司網站下，其設置流程如下。

不過，從伺服器的設置到插件的追加，都需要一定程度的網站相關知識，所以若沒有信心自己處理的話，可委託外部設計公司協助，讓部落格的架設作業可以更順暢。

1. 備妥伺服器作業環境

關於Wordpress的安裝作業環境，網路伺服器可以由公司自己準備，也可以租借。需要能支援PHP及MySQL的伺服器，一般是採用「Apache」或「NGINX」這類網路伺服器用的軟體。詳細的內容可上Wordpress的官方網站（wordpress.org）確認。若公司無法準備伺服器，可利用租借服務，多數租借伺服器都能對應Wordpress。但由於對應狀況各公司皆有所不同，建議在比較過條件及價格後再選擇符合公司需要的服務廠商。

2. 安裝Wordpress

將Wordpress的套裝軟體安裝於網路伺服器。若採租借伺服器方式，則廠商會備妥安裝用的軟體，有些服務只要按一下便能完成安裝程序。

3. 網域的取得

若是使用私人網域的情況，需申請並購入網域。有專營登錄服務的業者，例如「姓名.com」；也可以向租借伺服器的業者取得、購入。

4. 進行Wordpress的各種設定

將Wordpress在伺服器上的安裝完成後，接下來是進行使用者管理及網站管理等各種設定。之後再套用Wordpress的版型，修改部

落格的版面、再設計內容的網頁外觀。雖然初期設定時可以使用數個版型，但可以的話建議使用獨家設計的版面，展現出與其他部落格不同的風貌與個性。雖然只要有設計及HTML、CSS方面的知識，就能設定出完全原創的版型，但在使用現成的版型時，因有版權問題，還是必須先確認是否能自行修改或客製化。

5. 追加插件軟體

若要增加Wordpress的機能，就要使用插件軟體。使用插件軟體能自由地客製化部落格功能。Wordpress的插件可以從它官方網站中的插件目錄（wordpress.org/plugins/）搜尋。

例如，封鎖垃圾訊息、追加社交媒體分享鍵、顯示熱門文章排行、側邊欄中顯示廣告、在搜尋引擎中躋身前位的SEO優化等，有各式各樣機能的插件軟體，建議學著去靈活運用。

6. 製作文稿

大致上設計好一個輪廓後，終於要在Wordpress上製作文稿了。在製作時，只要按照CMS的畫面指示鍵入文字就能輕鬆完成。

由人才及團隊建立體制
以利部落格的經營

部落格的長期經營，需要在團隊體制下分工合作，理想狀況是分配任務角色：管理全體的編輯長、撰寫文章的撰稿人、編輯者等，必要時仰賴網站架設公司、外部文字工作者、攝影師等，補足公司內部不足的資源。下圖為經營部落格時需要的作業範例，為了防止內容開天窗，企劃上要先預留一個月以上的時間籌備。抱持著如同出版社一般的心態來製作內容吧！

■ 作業概念

作業	作業內容
內容企劃	內容企劃
	執筆者的工作分配
	內容評價
內容製作	撰寫文章
	製作圖片
	內容的搭配整合
編輯	編輯文章
	品質管理（判斷刊登／不刊登）
	行事曆管理（管理進行的狀況）

Social
Media 〔社交媒體〕

以 Facebook 及 Twitter 為代表的社交媒體，
是與使用者保持長期交流、建立關係的最適工具。
社交媒體工具各自具有不同的特性，以下分別一一介紹。

Facebook

Facebook是擁有12億用戶的全球最大社交媒體。它具備能發佈商業活動情報的「Facebook粉絲專頁」功能，在上面按讚的使用者便能訂閱該專頁發佈的消息。Facebook粉絲專頁可由數人共同管理，也具有分析文章散播程度的「專頁洞察（Page Insights）」等工具，擁有充實的商務機能。

Facebook粉絲專頁的經營，可以透過每天的消息發佈引起使用者的興趣與關注。在Facebook上，與使用者關係愈密切的內容，愈容易顯示在該使用者的動態時報上。隨著發佈內容的不同，有時雖然使用者有按讚來訂閱，也不會出現在其動態時報。所以務必促使使用者能對每天發佈的內容按讚或分享，增加彼此的互動關係。去設想怎樣的內容會使讀者更樂於表達反應呢？建議多思考這一點來善加運用。

建立Facebook粉絲專頁必須要有個人帳號，以個人帳號登入後，在粉絲專頁的編輯頁面設定基本資料、大頭照及封面照。在粉絲專頁剛成立初期因為沒什麼人氣，首先必須要想辦法招攬使用者加入。具體作法像是在網站上設置Facebook粉絲專頁的按讚鍵，或搭配Facebook的廣告，並再利用Facebook專頁洞察功能來分析發佈、交流情況的數據，來改善內容，加強使用者的參與度。

Twitter

Twitter是可以發表140字以內文章的社交媒體。自己的貼文，會出現在有「追蹤」

自己的使用者的時間軸上，自己也能追蹤其他的使用者。其簡便性使全球的用戶每天都能頻繁地使用，企業的官方帳號申請也很容易。相對於Facebook採實名制，Twitter的特點在於實名或匿名皆可自由申請。因為沒有區分一般用或商務用，只要跟一般使用者同樣的申請方式就能擁有帳號。

由於Twitter會即時發佈貼文內容，所以可以利用這個特性來發佈訊息。例如，配合時令的問候、配合天氣、季節、活動的話題等，提供使用者切身的內容消息。尤其如果與使用者已經連結上了，就可以直接與使用者對話；或是如果發現與本公司有關的貼文內容，可以回覆貼文，試著進行溝通交流。在發表新的部落格文章或影片時，就透過Twitter發佈消息吧！另外，如果有人將內容附上自己的意見貼在Twitter上的話，也建議公司可以使用官方帳號回覆貼文使其散播出去。

LINE官方帳號／LINE@

LINE是在日本國內大約有5000萬、全球有5億6000萬用戶登錄使用的通訊工具。因為貼圖功能使溝通更加輕鬆方便，所以老少咸宜十分普及。

LINE有專供企業用戶使用的官方帳號及「LINE@」，兩者最大的不同在於收取的費用，官方帳號的基本方案為1000萬日圓（12週），LINE@則可以免費使用。但是LINE@的使用條件是必須在日本國內有實體店舖及設施。有了帳號，就可以進行發放折價券或問卷調查等消息的發佈。因為LINE發送折價券的操作很簡單，所以適合以吸引現有顧客再來店消費為目的的宣傳，而不太適合用來散播文章。

■ 企業的 Facebook 粉絲專頁範例

White Papers
Ebook

〔白皮書 / 電子書〕

內容行銷中，將白皮書或電子書
製成可供下載的內容格式是主流作法。
可以透過介紹使用者案例、提供市場環境的調查報告等實用內容來獲得讀者資訊

白皮書 / 電子書
可以間接獲得讀者資訊

　　白皮書指的是將本公司顧客的實際運用狀況（使用者案例）及商品規格、市場環境分析、調查報告等資訊。電子書則是商品的使用指南、最佳活用範例等彙總說明。這些都必須編製得比部落格文章或網站內容更詳細、實用。

　　白皮書及電子書不只要整理後放在網站上，還必須在部落格文章的最後設置連結，吸引使用者到下載頁面，讓對部落格文章有興趣的人更便於下載。像這樣誘導讀者進行期望中行動的標籤或連結也稱之為「Call to Action（CTA：呼籲行動）」。於部落格中設置此功能，也可以根據CTA的點閱率、下載

率等評價文章的品質。

□ 使用者案例

　　使用者案例是彙整關於購入、導入公司商品或服務的人如何活用商品的解說。因為可以知道其他消費者的使用經驗談，所以對考慮要購買該產品或服務的人來說非常具有參考價值。要製作使用者案例，必須要對現有顧客進行訪談。為了讓對方能樂意答應採訪，不能產品賣出後就不予理會，應在平時就勤於進行售後服務來提升使用者的滿意度及信賴感。尤其是B2B企業的情況，必須要請對方談到導入前的課題及經營環境、導入後的效果（營收增加、成本降低、業務更有效率等）。要是彼此間的信賴關係不足，就無法獲得最貼近真實的資訊。

　　在設定訪談內容時，先備妥訪談企劃

書，告知對方訪談目的、發表範圍、採訪內容等大致重點，獲得對方同意接受採訪。在訪談當日，由採訪者、撰稿人、攝影師等必須的人才共同參與採訪工作。內容在發表之前，務必請被採訪者看過，確認是否有不能公開的資訊、或與事實不符的部分。

□市場環境分析

所謂市場環境分析，是將市場動向及市場對於該商品需求的背景、今後關於市場擴大之展望等，以實際數據加以介紹。市場環境分析不僅是讓考慮購入本公司產品的人感受擁有產品的必要性，也應包含能向上司及同事說明的數據資料。

在市場環境分析中，使用客觀的實際數據能發揮顯著效果。也可以使用政府機關或民間調查機構、研究中心等公開發表的調查數據。這種情況要記得標示引用該數據的出處。若沒有適當的數據，也可以公司自己進行調查。調查時，必須進行調查項目的設計、調查對象的募集、問卷調查的實施、統計、分析等。

□入門指南

入門指南是在使用新商品或服務之際，會需要用到的實用相關資訊歸納整理。做為初學者的導引，將基本的概念及用語等做有系統的介紹，具有啟蒙性的意義。

□平面美術編輯

白皮書或電子書也要比照小手冊及目錄一般，在設計方面不可馬虎。讓下載內容收看的人，不只從文字中得到收穫，也能從圖片、插圖、版面呈現中感受樂趣。如果公司有書籍或雜誌編排經驗的人員就更是一劑強心針了。

▧ 企業的白皮書範例

Video

〔影片〕

一直以來用影片方式來廣告宣傳常被認為門檻很高。
因相對於高價的製作費用，影片的能見度卻不高。
但現今的環境已經不同了，低成本拍攝、發佈影片已非難事！

內容行銷的影片製作及發表方式

根據日本總務省「平成23年版（西元2011年）　情報通信白皮書」的調查，2011年「YouTube」的使用者人數在日本已高達2900萬人，尤其年輕世代更視其為興趣與娛樂的重要一環。

使影片閱覽變得如此普及的背景因素，源於寬頻網路及行動通信提升了上網的環境品質、以及智慧型手機及平板電腦的風潮。影片與社交媒體的相容度很高，在社交媒體上引發話題常帶動了影片的觀看熱潮。

另外，在Facebook上的動態時報，影片也預設成會自動播放，在這樣的環境下，影片也如同文章或照片等靜態內容一般，收看影片的習慣也深入成為日常生活的一部分。

影片的運用方式靈活，可以活用在像是「傳達商品形象」、「介紹客戶訪談」、「說明商品的使用方式」、「為了招募人才，傳達公司內部職場的氣氛」等多種目的。

影片的提供形態，則有拍攝影片、動畫、ScreenFlow、動態圖像設計（Motion graphics）等各種形式。

例如，在介紹使用者案例中，以影片解說顧客購入商品的過程緣由及效果，並拍攝實際使用時的場景，這是最常見的運用方式。如果商品是物品類，可以按照順序介紹使用方式，這樣的內容也能發揮良好效果。如果是販售軟體的企業，可以用ScreenFlow錄下實際使用的畫面，加以介紹。

□一開頭就讓人想繼續看完的影片

在收看影片時，並非按下播放鍵就一定會從頭到尾看完。有時會在中途就不想看了，也可能會跳著看。

為了使挑剔的觀眾能把影片看到最後，在最初的15秒內抓住觀眾的心非常重要。雖然視影片種類、目的不同有所差異，不過要讓開頭吸引人，通常可以在影片一開始丟出

問題、或利用讓人印象深刻的畫面、或直接
傳達影片重點等，都是讓觀眾感興趣的有效
做法。

□ YouTube

■ YouTube 上的企業影片範例

出處：「Volvo Trucks - The Epic Split feat. Van Damme（Live Test 6）」
（YouTube）

出處：「Will it Blend? - iPhone 6 Plus」（YouTube）

雖然有許多動畫線上平台，不過要使
用在內容行銷的影片，建議使用全球化的
YouTube為佳。在YouTube可以建立屬於自己
的頻道，在那裡製作的影片可以彙整瀏覽。
在頻道中登錄的使用者，當有新的影片發表
時就會自動收到更新的通知。

　　YouTube還有支援影片製作的編輯功能
及影片配樂。當沒有影片編輯軟體時，只要
準備好影片材料，在YouTube上製作也並非不
可能！

□ Vine ／ Instagram Video

　　「Instagram Video」是可以發表15秒
（「Vine」則是6秒）影片的服務。時間愈
短，愈考驗作者的構思能力及編輯功力。也
有企業用來拍攝廣告影片，今後應會更加蓬
勃發展。

□線上研討會

　　在美國，線上研討會十分盛行，也
有免費專用軟體。Google推出的「Google
Hangout」服務最多可有10人同時視訊對話，
這麼一來即使人數不多也可以召開線上研
討會。

Info
〔資訊圖像化〕

graphics

資訊圖像化是指將數據、資訊、知識、Know-How 等以視覺圖像呈現。
視覺效果能讓想傳達的訊息更加簡潔有力。
資訊圖像化也與社交媒體相輔相成。

資訊圖像化有哪些種類呢？

　　資訊圖像化隨著資訊的要素及內容、想傳達的訊息不同而分成許多種類。例如，將定量化的數據以視覺呈現，或將年表用搭配圖片的方式讓讀者一目瞭然。也有利用網路技術，將顯示閱覽者資訊的圖表及數據等轉化為互動式資訊圖像的方式。在此介紹一些具代表性的資訊圖像種類。

□ 數據的資訊圖像化

　　最常資訊圖像化的內容，就是將定量的數據以視覺化呈現。也就是將統計數據及調查數據等做成一目瞭然的圖表。一般在將數據視覺化時，多採用圓餅圖或長條圖。資訊圖像化時，常會配合圖表本身的內容加上插圖，並強調數字的大幅變動等。例如，試著將日本國內的烏龍麵消費量來圖像化為例。首先先準備好消費量的數據，然後將消費量以烏龍麵的圖片來表示數字及多寡，以視覺效果讓人馬上將數據印入腦海。

□ 年表的資訊圖像化

　　將商品或公司、業界的歷史等年表加以圖像化，比起單純刊登歷史一覽，更能加強閱覽者的印象。

　　例如，將商品的改良過程、銷量的成長、與其過程相關的業界及市場變化等以時間軸來表示。也有人將其應用在書寫履歷表、或是在招募設計師的時候。

□對比的資訊圖像化

在將複數的對照事物加以視覺化、欲讓其對比更明顯時,資訊圖像化也是常見工具。例如,在男女間的差異、愛貓人與愛狗人的嗜好差異這樣的內容上,就能將個別的特點以視覺呈現。

□操作介紹或工具小卡的資訊圖像化

資訊圖像化在介紹商品的操作程序時也能派上用場。常可見使用於入門指南類的手冊。

「工具小卡(Cheat Sheet)」原意是指小抄,這裡的意思轉為在執行作業時所需的資訊或步驟一覽表。這也是對讀者來說很實用的圖像資訊,例如,在社交媒體上使用的圖片尺寸一覽、單位的換算一覽表(例如英吋與公分)等,這樣的便利參考資訊隨處可見。

□資訊圖像的製作

在製作資訊圖像時,首先將使用的數據及資訊整理好後,決定要傳達的意旨。然後再與設計師討論決定設計及編排。另外,也有支援資訊圖像的製作工具可以使用。

在完成資訊圖像製作後,刊載於部落格或發表於社交媒體,若能將優質資訊彙整得宜,透過資訊圖像化有利於在社交媒體上擴散分享。在資訊圖像的末端放上公司品牌標誌或網址,也可以讓品牌知名度更加提升。

■ 資訊圖像化範例

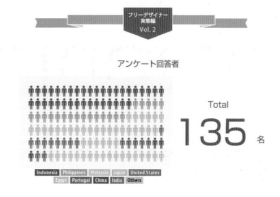

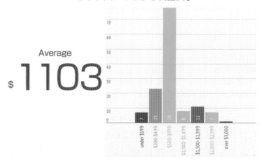

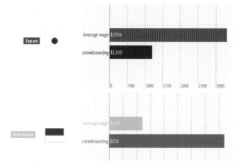

出處:「Global Crowdsourcing白皮書 Vol.2」

Report
Press release

〔調查報告／產品新聞稿〕

調查報告是彙總公司所實施的市場動向及用戶使用情況的報告書。
透過提供統計數據，有時也會被外界引用做為市場動向的參考。
這能間接提高企業的知名度並活絡整體業界。

要如何進行調查
並散佈報告內容呢？

　　在製作調查報告時，首先要設定配合目的的調查內容、調查方式、調查對象。調查的方式林林總總，例如線上調查或電話調查、郵件調查等，還有焦點團體調查法（Focus Group）、對個人的訪談等。

　　調查對象可以委託公司本身的客戶、或在網路上公開問卷讓網友作答。也可以委託外部的調查公司尋找公司希望的調查對象。

　　若是委外調查時，有名為AccessPanel的大型問卷調查公司，擁有百萬名調查對象，能篩選出適當的調查對象進行調查。而在委託調查公司時，不只可委託過濾調查對象，通常也可一併委託問卷調查內容的企劃、問卷分析等。

　　在收集好調查數據後，接著進行數據分析、製作報告。在製作報告時，需要統計分析，如果調查內容及分析觀點有嶄新而精闢的見解，就能吸引更多的人參考這份報告。

　　在調查報告中，除了調查數據及分析是重點，調查方式及調查對象人數等資訊也要詳實記載。因為這些資訊也是觀測統計數據具有多大意義的指標。像是調查的主題及概要、詳細內容、手法及對象、企業介紹等通常都會載明清楚。

　　調查報告，會被揭露在新聞稿或部落格、網站、社交媒體等地方，也可以用電子書的形式供人下載、以獲得讀者資訊。亦建議將調查概要以資訊圖像化方式廣為散佈。

產品新聞稿
讓新聞界相關人士更易明瞭

　　產品新聞稿是針對報社或網路媒體等新聞相關業界所撰寫的發佈用報導資料。它通常由以下4項要素構成：①發佈內容通常冠以衝擊性字眼的「標題」（業界首見、世界最輕量、能節省80%成本等）。②發表內容與結論以簡潔話語呈現，只要讀「開頭文」的部分就能掌握整體內容。　③詳細介紹商品的「主文」。　④產品相關洽詢窗口「宣傳部負責人的姓名、聯絡方式」。

　　產品新聞稿完成後，可以向不特定的傳媒機構以電子郵件、傳真或郵寄發送。讓對方能據此寫成文章報導、或以此為主題前來採訪。

　　新產品或服務上市、人事異動、社會公益活動、調查資料的發表等，在很多時機下都會發佈新聞稿。閱讀新聞稿的人是報社、電視、網路媒體等新聞業界的記者及編輯。內容行銷是以目標讀者為對象來製作內容，只有新聞稿，它最初的讀者是新聞報導負責人。這是與其他內容行銷工具最大的不同處。

　　傳媒機構每天都會收到大量的新聞稿，要在其中脫穎而出，至少要做到「遵照新聞稿的寫作格式」、「完整提供必要資訊」、「包含具有新聞話題性的內容」這些基本條件。

■ 發佈獨家實施的調查報告

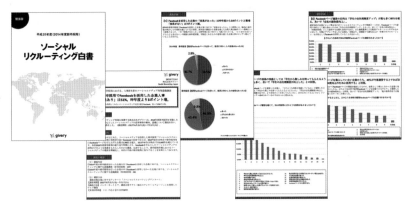

專門從事網路相關諮詢服務的Givery，在2014年度針對採用應屆畢業生企業的社交媒體應用情形及動向、心態進行調查，將結果製作調查報告「Social Recruiting」發表於公司網站。

內容行銷成功的祕訣，
隱藏在步驟 "0"

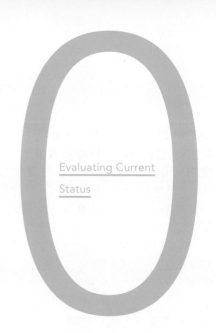

Evaluating Current

Status

要實踐內容行銷之前，
首先要掌握自身公司的現況。
這就是所謂的「步驟 "0" 」。
用檢測表來確認公司現況吧！

在Chapter.3【實踐篇】中，為大家介紹了實踐內容行銷的具體5步驟。不過事實上，還需要一個「步驟 "0" 」為前提。那就是「掌握現況」。如果不知道公司目前的位置、現況，是無法期待能制定出良好的行銷戰略的。內容行銷有如馬拉松，是重視一貫性及持續性的長期抗戰。不過，應該很多人不清楚「掌握現況」應該從哪裡進行呢？

其確認事項有以下4點：

1. 戰略／計畫
2. 發佈頻道／格式
3. 內容品質
4. 效果評測／參與度

這可以透過156～157頁的「內容行銷檢測表」來測試。利用這張表格，可以診斷出你的公司現況如何。

內容行銷檢測表
的使用方法

檢測表是由前述的4大類別所構成，個別的分類中列示的確認項目，依重要性高低計分，每一分類合計分數為100分。在符合的項目中打勾，最後在得分欄加總所有分數。

那麼，我們就快來依序看看這4大分類的概要吧！

□內容行銷戰略／計畫

在這一類別中，主要用以確認內容行銷的準備狀況為目的。來確認看看「目標設計」、「是否有設定目標讀者屬性」、「讓資訊發佈具備一貫性的主題」、「發佈時程表」、「內容行銷政策得以持續運作的體制」等項目。內容行銷的成功關鍵，可說取決於「體制與做法的建立」。

針對正確目標，設定最適切的內容、以及統籌從情報收集到內容的製作、發佈、評價等一連串的PDCA循環（PDCA cycle；plan-do-check-action cycle）的負責人的任命，都是一定要先注意到的重點。

□內容發佈頻道及格式

即使之前沒有試過內容行銷，但發佈產品目錄、產品新聞稿、電子報及近來在社交媒體上貼文宣傳，都十分常見。這一類別的目的，是確認使用的媒體種類（內容發佈頻道）、內容格式、發佈方式。由於檢測表的特性，有愈多的發佈頻道、愈多的格式得分會愈高，但這裡的目的是為了看出公司現況，而非鼓勵網羅所有媒體手段。公司本質上只要做到符合目標顧客的屬性製作內容，並採用最適合的發佈頻道及格式即可。

□內容品質、發佈頻率及顧客觀點

既然已堅持持續不斷地發佈內容，就要為品質把關，要是提供過期資訊或可信度令人懷疑的情報，就得不償失了。而一股腦地提供過於專業、或與讀者程度不符的資訊，也不能說是「有價值的情報」。

內容行銷最重要的是提供讀者有價值的資訊並「促使其發現」。在這個類別中，為了能持續發佈高品質的內容，請多善加運用。

□效果評測／參與度

如果只是漫無目的地持續發佈內容，很難看出效果及 ROI（投資報酬率）。為了把握成果及進度，效果的評測及收集來自讀者的意見反饋是不可或缺的。

此類別的項目較少，每一個確認項目都佔有很高分的比重。尤其是最後一項「內容與優質的讀者資訊有所連結」是所有確認項目中最高的（40分）。因為這是內容行銷最重要的目標之一：「增加目標顧客前來洽詢的數量」。賦予每一個內容明確的目的，並持續地加以追蹤評測，讓成果能看得見。

本檢測表有線上版提供購入此書的讀者使用，歡迎上網下載，希望對您有所助益。

<檢測表下載網址>
http://innova-jp.com/uruna/

踏出內容行銷的第一步

1・內容行銷檢測表	分數
已設定與實施內容行銷相關的具體目標。	8
關於目標顧客的理解度	
能掌握公司的目標顧客經由何種媒體（部落格、雜誌、上網瀏覽、SNS等）獲得資訊情報	8
對於接觸公司發佈內容的人們（現有顧客、目標顧客、媒體相關人士、學者/專家、消費指標型人物等），有具體設定其屬性	8
對於不同類型的目標顧客，分別準備不同的內容，內容都各自具有明確的目標性來進行發佈	8
配合目標顧客的考慮購買階段，準備多種內容，依階段需求提供	8
內容行銷計畫與行事曆編排	
將所有過去的內容都統一管理，以利之後製作新內容時可以善加運用	8
有將希望名列前茅的搜尋關鍵字、語詞做成一覽表加以管理	8
已設定 4～6 個大方向主題預備進行長期的內容發佈	8
依據大方向主題，準備具體的內容標題，並利用行事曆進行管理	當月準備：6分 半年以上事先準備：12分
運用體制	
設有統籌內容行銷政策的專任負責人	8
公司內部的內容製作團隊中，擁有業界的專家及撰文者	8
從企劃、製作到發佈的負責人，每個主題領域都分別設有1人	8
內容行銷戰略／計畫評分	/100（A）

2・內容發佈頻道及格式	
有在下述媒體／頻道進行定期而持續的資訊發佈	
部落格	4
網站（官方網站等）	2
微網站（品牌網站或依服務別獨立出來的網站）	1
外部平台部落格	2
Facebook	2
Twitter	2
LinkedIn	2
You Tube	3
其他社交媒體	2
電子報	3
發表文章至外部媒體	4
業界雜誌　業界報紙	3
以下述手段/方法製作內容	
部落格文章	5
eBook	4
網頁	2
簡報	2
新聞稿	2
書籍/電子書籍	3
產品規格表/目錄	1

傳單	1
產品手冊／操作入門資料	1
個案研究	2
電子郵件	2
報紙（平面／電子）	2
錄影	4
線上研討會	4

內容發佈方式

有完全免費、不需提供個人資料就能取得的內容	7
有提供個人資料後就能取得的內容	7
有需付費的內容	7
設有SNS分享鍵，讓內容更易於在社交媒體上分享	7
設有透過RSS登錄及電子報登錄，就可定期購閱內容的機制	7

內容發佈頻道及格式評分　/100（B）

3・內容品質、發佈頻率及顧客觀點

內容的更新頻率	每日：12 每週：8 每月：4 每2～3個月：1 以下：0
設有確保發佈資訊正確性的驗證程序	6
為了讓品質維持一定的水準，與撰稿人／創作者在品質方針擁有共識	6
所有內容的風格／調性一致	5
務求遣詞用字符合讀者程度	5
內容發佈恪守「80-20法則」（對讀者有幫助、有價值的資訊：8成／產品、服務相關資訊：2成）	7
經常發佈重要性高的即時資訊	7
在發佈的內容中，貼上其他實用文章／網站的連結	6
內容涵蓋適當的SEO關鍵字	6
設有回應讀者意見的機制	5
備有製作內容時設計相關手法的資訊（如圖片、視覺應用、條列表或各種圖表的使用等）	5
製作符合顧客觀點、讀者觀點的內容	7
半數以上的內容以多用途為前提來製作	5
各內容皆設定適當的CTA（Call to Action）	7
依讀者屬性提供顧客意見	5
提供個案研究、成功案例	6

內容品質、發佈頻率及顧客觀點評分　/100（C）

4・效果評測／參與度

進行內容行銷的效果評測、定期調整使其最適化	25
積極地收集顧客讀者的反饋意見	10
有收到部落格、Ｆａｃｅｂｏｏｋ頁面留言或Ｔｗｉｔｔｅｒ的回覆	25
內容與優質的讀者資訊有所連結	40

效果評測／參與度評分　/100（D）

合計得分（A＋B＋C＋D）　/400

對該項目回答「Yes」時可得分。

Why not practicing the content marketing together?

何不一起實踐內容行銷呢？

感謝各位讀者閱讀完本書。在此，以復習的方式，試著將各章的內容逐一列出。本書大致上由3個章節構成。

第1章的主題為「Why」。亦即說明為何內容行銷是必要的。顧客透過網際網路獲取大量資料，變得比以往更加專業。為能夠更有效地傳達銷售訊息，內容行銷便應運而生。在美國，是否該進行內容行銷（if）的爭議已經終結，風向已逐漸轉向如何執行內容行銷（how）。日本應該也很快就會面臨和美國相同的狀況。

第二章為了加深對內容行銷的理解，介紹了具體的「實例」。例如透過電子商務平台販售眼鏡的OH MY GLASSES公司，針對法人銷售軟體產品的DIGITAL STUDIO等13個例子。內容行銷最重要的是「提出怎樣的內容」。貴公司應提出怎樣的內容呢？關於此

問題的最快捷徑，就是從實例中學習。研究本書中介紹的國內外實際案例，並凝煉出自己的策略。

第3章的主題是「How」。說明如何實踐。即使用一句話來表達內容行銷，也有各種不同的表達手法。部落格雖然是內容行銷的王道，還有線上研討會或影片等，五花八門，等待你去挑戰。本章雖想對內容行銷的know-how做更具體的介紹，礙於篇幅，僅止於整體概論。有關實行面更具體的know-how，將在敝公司網頁以及日後發行的書籍當中介紹。

回顧內容的同時，希望各位讀者能思考一件事，那就是「如何將本書的內容轉為實際行動」。內容行銷的重點在於「持續地」創造內容。另一方面，持續地改善創作內容也是不可或缺的。在執行面上，也必須得到上司以及公司內部相關同仁的贊同，打造出

堅固的行銷體制。說服公司內部，取得必要的資源，有幾種方式。由小規模預算開始的實驗性作法，學習同業其他公司的實際案例等。最有效且最重要的方法，就是你自己對內容行銷所抱持的熱情。請務必熟讀本書，加深對於內容行銷的理解。

最後，要感謝諸位的厚愛，使得本書得以付梓。讓我知道內容行銷的潛力的大衛‧米爾曼‧史考特（David Meerman Scott）先生、賽斯‧高汀（Seth Godin）先生、布萊恩‧霍利根（Brian Halligan）先生等人的著作。他們都是優秀的行銷大師，也執筆寫出成為內容行銷基礎的多本著作。同時也有出版日語翻譯版，希望各位都能買來一讀。另外，必須感謝日本Google的中谷和世小姐，是她指導我何為行銷的本質。她曾在P&G和影片線上發行服務供應商Hulu等公司服務，是少數具備離線與線上兩種行銷經歷的人士。她同時也是促使我將內容行銷事業

化，並告訴我在行銷上洞悉顧客的重要性的良師。回想起與她的對話，無論是離線或線上，行銷的本質是不變的。也就是深入了解顧客，並有效地傳達自己公司的魅力的溝通設計。

最後，要感謝日經BP社的小林英樹先生、高橋史忠先生。即便內容行銷對他們來說是未知的領域，仍然相信本書的潛力並決定予以發行。

本書的最後，茲引用賽斯‧高汀先生的話做結。

"Content marketing is the only marketing left."

內容行銷是唯一的行銷。

INNOVA, INC.董事長

台灣廣廈 國際出版集團
Taiwan Mansion International Group

國家圖書館出版品預行編目（CIP）資料

內容的力量：不賣商品，用內容行銷讓客人自己找上門 / 宗像 淳著、
李青芬譯.
-- 初版. -- 新北市：財經傳訊，2020.04
面；　公分
譯自：商品を売るな：コンテンツマーケティングで「見つけてもらう」仕組みをつくる
ISBN 9789869876834
1.行銷策略 2.網路行銷

496　　　　　　　　　　　　　　　　　109001633

財經傳訊
TIME & MONEY

內容的力量：
不賣商品，用內容行銷讓客人自己找上門

作　　者／宗像 淳	封面設計／十六設計有限公司
譯　　者／李青芬	內頁排版／菩薩蠻數位文化有限公司
編輯中心編輯長／方宗廉	製版・印刷・裝訂／東豪・弼聖・秉成

行企研發中心總監／陳冠蒨	整合行銷組／陳宜鈴
媒體公關組／陳柔彣	綜合業務組／何欣穎

發　行　人／江媛珍
法律顧問／第一國際法律事務所 余淑杏律師・北辰著作權事務所 蕭雄淋律師
出　　版／財經傳訊
發　　行／台灣廣廈有聲圖書有限公司
　　　　　地址：新北市235中和區中山路二段359巷7號2樓
　　　　　電話：（886）2-2225-5777・傳真：（886）2-2225-8052

代理印務・全球總經銷／知遠文化事業有限公司
　　　　　地址：新北市222深坑區北深路三段155巷25號5樓
　　　　　電話：（886）2-2664-8800・傳真：（886）2-2664-8801
　　　　　網址：www.booknews.com.tw（博訊書網）
郵政劃撥／劃撥帳號：18836722
　　　　　劃撥戶名：知遠文化事業有限公司（※單次購書金額未達500元，請另付60元郵資。）

■出版日期：2020年04月
ISBN：9789869876834　　　　有著作權，未經同意不得重製、轉載、翻印。